前　　言

全国现有农业气象基本观测站 653 个,承担着中国气象局和各省、自治区、直辖市布置的农业气象观测及各项任务。观测人员不稳定、培训机会少、观测规范长久缺乏修订、诸多技术规定不统一,是当前农业气象工作面临的重要问题。

针对农业气象业务、服务发展与变化的需求,根据值班人员对《农业气象观测规范》以及各种技术规定的理解和掌握程度,从实战出发,依据《农业气象观测规范》及其有关技术问题解答(第 1 号、第 2 号)、《农气观测规范、发报规定解读手册及酸雨、大气成分、沙尘暴观测业务文件汇编》《农业气象测报业务系统软件实用手册(升级版)》《农业气象观测站上传数据文件内容与传输规范(试行)V1.2(修订版)》《关于统一"农业气象测报业务系统(AgMODOS)"与〈农业气象观测规范〉相关技术规定的说明》(2015 年修订)等资料,编写本书。

本书介绍了 AgMODOS 系统操作,由于软件今后仍会不断完善升级,若与本书不一致时,以随软件发布的在线帮助文档为准。

在本书编写过程中,山东省气象局观测网络处、广西壮族自治区气象局观测网络处、云南省气象局观测网络处、山东省气象局信息中心农气资料审核室、内蒙古自治区气象局农气资料审核室、宁夏回族自治区气象局农气资料审核室、山西省气象信息中心农气资料审核室等单位给予了大力支持。国家气象中心、国家气象信息中心的专家和基层台站农业气象业务人员提出了宝贵的修改意见。在此对给予关心和支持的领导、专家、同事们深表感谢!

由于作者水平有限,不足或错误之处敬请读者批评指正,以便以后修改。

编者
2018 年 2 月

目　　录

前言

第1章　农业气象观测和记载 ……………………………………… 1

1.1　基本观测内容 ………………………………………………… 1

1.1.1　作物观测 ……………………………………………… 1

1.1.2　土壤水分观测 ………………………………………… 2

1.1.3　自然物候观测 ………………………………………… 3

1.1.4　畜牧观测 ……………………………………………… 3

1.2　观测要求 ……………………………………………………… 4

1.3　观测信息化一致性 …………………………………………… 4

1.4　农业气象观测规范更正 ……………………………………… 5

1.5　农气簿-1-1 观测、记录 ……………………………………… 6

1.6　农气簿-2-1 观测、记录 ……………………………………… 19

1.7　农气簿-3 观测、记录 ………………………………………… 22

1.8　农气簿-4 观测、记录 ………………………………………… 24

第2章　观测资料信息化 …………………………………………… 25

2.1　农业气象测报业务系统(AgMODOS)简介 ………………… 25

2.1.1　系统组成结构 ………………………………………… 25

2.1.2　数据库存储 …………………………………………… 29

2.1.3　数据模板 ……………………………………………… 30

2.2　系统管理 ……………………………………………………… 31

2.3　数据编辑 ……………………………………………………… 38

2.3.1　创建观测记录簿 ……………………………………… 38

2.3.2　数据修改 ……………………………………………… 40

2.3.3　作物生育状况观测数据的录入 ……………………… 40

2.3.4　土壤水分测定数据的录入 …………………………… 46

2.3.5　自然物候观测数据的录入 …………………………… 48

2.3.6　畜牧观测数据的录入 ………………………………… 49

2.4　数据服务 ……………………………………………………………… 49

  2.4.1　Z文件制作 ………………………………………………… 49

  2.4.2　C文件制作 ………………………………………………… 52

  2.4.3　N文件制作 ………………………………………………… 55

2.5　基数统计 ……………………………………………………………… 57

第3章　观测数据传输 ………………………………………………… 60

3.1　台站数据传输规定 ………………………………………………… 60

  3.1.1　Z文件传输 ………………………………………………… 60

  3.1.2　C文件传输 ………………………………………………… 63

3.2　省级数据N文件传输规定 ………………………………………… 65

  3.2.1　N文件介绍 ………………………………………………… 65

  3.2.2　N文件传输 ………………………………………………… 67

第4章　观测数据年报表审核 ………………………………………… 68

4.1　审核内容 ……………………………………………………………… 68

  4.1.1　作物报表审核 ……………………………………………… 69

  4.1.2　土壤水分报表审核 ………………………………………… 77

  4.1.3　自然物候报表审核 ………………………………………… 80

  4.1.4　畜牧气象报表审核 ………………………………………… 80

4.2　审核方法 ……………………………………………………………… 80

参考文献 …………………………………………………………………… 86

附录A　关于统一"农业气象测报业务系统(AgMODOS)"与

《农业气象观测规范》相关技术规定的说明 …………………… 87

附录B　农业气象观测站上传数据文件内容与传输规范

(试行)V1.2 ……………………………………………………… 97

附录C　农业气象观测质量考核办法(试行) ……………………… 138

附录D　农业气象测报软件应用质量考核办法(试行) ………… 144

附录E　自动土壤水分观测业务质量考核办法(试行) ………… 149

附录F　AgMODOS消息传输服务支撑环境安装配置全面完成标准 ……… 153

第 1 章

农业气象观测和记载

1.1 基本观测内容

国家气象局 1993 年编定的《农业气象观测规范》(上、下卷)规定,农业气象观测包括作物、土壤水分、自然物候、畜牧、果树、林木、蔬菜、养殖渔业、农业小气候观测等内容。根据日常农业气象业务开展情况,本书重点介绍《农业气象观测规范》(以下简称"《规范》")(上卷)有关观测内容。

1.1.1 作物观测

作物观测包括作物的发育期观测、生长状况测定、生长量的测定、产量结构分析、农业气象灾害和病虫害的观测和调查、主要田间工作记载等内容。观测后要进行农气簿-1-1记载和农气表-1 制作(本书所称农气簿、农气表均指《规范》所列)。

1. 发育期观测

记载作物从播种到成熟整个生育过程中发育期出现的日期,以了解发育速度和进程,分析各时期与气象条件的关系,鉴定农作物农业气象条件对作物生长发育的影响。

2. 生长状况测定

包括生长高度的测量、植株密度测定、生长状况评定、产量因素测定,在具体的发育普遍期进行。

大田生育状况观测调查,在《规范》(上卷)规定的发育期达到普遍期后三天内进行。

3. 生长量的测定

(1)包括叶面积测定、干物质重量测定等内容,生长量的测定一般只限在农试站进行。

(2)叶面积的测定可以分为面积(系数)法和叶面积仪测定法。

① 面积法为人工测定,一般应先确定观测作物的叶面积校正系数,然后再进行测定。

② 叶面积仪的测定方法比较方便,目前测定叶面积的仪器型号较多,以扫描式活体叶面积测量仪精度较高,使用方便。

4. 产量结构分析

在观测作物成熟后,收获前在观测地段 4 个小区取样,先进行数量和长度的测定,然后晾晒、脱粒,在一个月内进行重量分析。

(1)水稻、麦类取样在 8 个密度测定点连续沿茎基部剪下一定数量取回,并按穗的长度分 3～5 组或多组进行分组分析,具体方法见《规范》(上卷)第 33 页 5.2.1。

(2)地段实产,尽量单打单收。

(3)县平均产量,尽量尽早获得,以免影响报表进度。

(4)仪器,尽量使用感量 0.01 克的大载荷重量天平。

5. 农业气象灾害、病虫害观测

(1)农业气象灾害和病虫害是危害农业生产的重要自然灾害,往往使作物生长和发育受到抑制或损害,造成产量减少或品质下降。我国主要农业气象灾害有干旱、洪涝、渍害(湿害)、风灾、雹灾、低温冷害、霜冻、雪灾、高温热害、干热风等。

(2)在灾害发生后及时进行观测,从作物受害开始至受害征状不再加重为止。

(3)病虫害发生与气象条件关系密切,对发生范围广、为害严重的主要病虫害应作为观测重点。主要病虫害见表 1.1。

表 1.1　主要作物病虫害观测

作物	主要病虫害
稻类	稻瘟病、纹枯病、白叶枯病、稻曲病、稻飞虱、螟虫、纵卷叶螟
麦类	条锈病、白粉病、叶锈病、纹枯病、赤霉病、麦蚜、麦叶蜂、吸浆虫、麦蜘蛛
玉米	大斑病、小斑病、玉米纹枯病、黑粉病、螟虫、蚜虫、黏虫
高粱	黑穗病、高粱蚜、高粱条螟
棉花	黄萎病、枯萎病、棉蚜、棉叶螨、棉铃虫、红蜘蛛、红铃虫
大豆	霜霉病、花叶病毒病、根腐病、大豆食心虫、大豆蚜
花生	茎腐病、根腐病、叶斑病、花生锈病、蚜虫、地老虎、蛴螬
油菜	菌核病、霜霉病、白锈病、蚜虫、菜青虫、油菜潜叶蝇

6. 田间工作记载

包括整地、播种或移栽、田间管理、收获四大项。具体项目名称可在农业气象测报业务系统(AgMODOS)"田间工作记载"的"项目内容"默认项去查找记载。

1.1.2　土壤水分观测

土壤水分观测包括土壤水分测定和土壤水文、物理特性测定。观测后要进行农气簿-2-1 记载和农气表-2-1 制作。

目前台站土壤水分观测包括人工测定和自动土壤水分观测仪器测定两种方式,土壤水分速测仪测定土壤湿度,可以快速测定土壤水分,携带方便,利于进行大田随机调查和应急观测,缺点是精度有待提高。

1. 土壤水分测定

包括作物观测地段、固定观测地段和辅助观测地段三种观测地段土壤水分测定;主要进行测定土壤重量含水率(用于计算土壤相对湿度、土壤水分总贮存量和土壤有效水分贮存量)、地下水位深度、干土层厚度、降水渗透深度、农田土壤冻结和解冻观测。

(1)作物观测地段:是在作物观测地段上进行的土壤水分测定,一般在作物播种和成熟日以及期间逢 8 进行。

(2)固定观测地段:是在不进行作物种植非灌溉条件下自然年度内逢 8 进行测定。一般在 1 月 8 日至 12 月 28 日期间内进行。

(3)辅助观测地段:是各省(区、市)根据本区域墒情服务的需要进行的水分测定。测定数据不上传中国气象局。

(4)作物观测地段一般测定深度为 0～50 厘米,5 个层次;固定观测地段一般测定深度为 0～100 厘米,10 个层次。

(5)作物观测地段和固定观测地段,如果需要更换,原则上必须经上级主管部门审批同意,且本地段观测一个年度结束后方可更换,不可中途随意停止观测、更换。

2. 土壤水文、物理特性测定

主要进行土壤容重、田间持水量和凋萎湿度的测定;一般 5～10 年测定一次,如果观测地段发生变化或迁移,必须重新进行田间持水量、土壤容重和凋萎湿度的测定。

土壤质地按照《规范》(上卷)第 94 页"我国土壤质地的分类标准"中 11 种土壤质地名称进行划分、记载。

1.1.3　自然物候观测

自然物候是指自然环境中植物、动物生命活动的季节现象和在一年中特定时间出现的某些气象水文现象。自然物候观测包括对木本植物,草本植物,候鸟、昆虫、两栖动物,气象水文现象等的观测。观测后要进行农气簿-3 记载和农气表-3 制作。

观测点要考虑地形、土壤、植被的代表性,不宜选在房前屋后;观测点要保持稳定,不要轻易改动。

有些观测项目本地区不经常出现,可根据本省(区、市)业务主管部门具体要求观测记载。

1.1.4　畜牧观测

畜牧观测包括牧草发育期观测,牧草生长状况观测,放牧家畜膘情和牧事活动观测与调查,畜牧灾害观测调查和天气气候影响评述等内容。观测后要进行农气簿-4 记载和农气表-4 制作。

1. 牧草发育期观测

(1)牧草发育期观测自返青开始至黄枯期结束。

(2)禾本科草类发育期包括:返青(出苗)、分蘖、抽穗、开花、种子成熟、黄枯。

(3)豆科草类发育期包括:返青(出苗)、分枝形成、花序形成、开花、果实成熟、黄枯。

（4）莎草科草类发育期包括：返青、花序形成、开花、果实成熟、黄枯。

（5）杂类草发育期包括：返青（出苗）、花序形成（现蕾）、开花、种子或果实成熟、黄枯。

（6）灌木、半灌木发育期包括：返青（芽开放）、展叶、新枝形成、开花、果实成熟、黄枯。

（7）观测品种一般应选择当地主要草种，能代表当地草场类型，家畜喜食或能收割且产量较高。

2. 牧草生长状况观测

包括牧草高度（长度）测量、牧草覆盖度的观测、灌木半灌木密度的测定、牧草产量测定、草层状况评价、放牧场家畜采食状况的观测。

3. 放牧家畜膘情和牧事活动观测与调查

包括小家畜膘情观测调查、大家畜膘情观测调查、牧事活动生产性能调查。

4. 畜牧灾害观测调查和天气气候影响评述

包括牧草气象灾害和病虫害等的观测调查，家畜气象灾害和病虫害等的观测调查，天气、气候条件对畜牧业生产影响的评述。

1.2 观测要求

1. 建立健全观测工作的规章制度，保证观测工作的顺利进行和观测质量的不断提高。
2. 农业气象观测应由专人负责，并保持观测人员相对稳定。
3. 观测人员发生变动，须做好跟班实习及培训工作。
4. 各项内容必须实地观测、调查，严禁推测、伪造和涂改。

1.3 观测信息化一致性

农气观测人员日常开展业务观测，必须严格按照《规范》有关规定进行。平时多看《规范》，熟悉《规范》，熟悉各项技术规定，熟悉 AgMODOS 系统帮助文档，做到观测、信息一致性。

《规范》中有关不统一的项目名称，需按照中国气象局综合观测司《关于统一"农业气象测报业务系统（AgMODOS）"与〈农业气象观测规范〉相关技术规定的说明》（2015 年修订）等文件中相关规定执行，具体内容见附录 A。

观测内容录入 AgMODOS 时，必须按照系统有关默认项名称选择录入。

由于《规范》中规定的田间工作记载项目较少，日常的田间工作记载项目名称可按 AgMODOS 中默认的内容记载。

水稻的分蘖盛期及有效分蘖终止期由于传统记载人为性较大，统一规定纸质农气簿-1-1 从 AgMODOS 系统计算的结果抄录。

观测人员观测结束后需将有关数据按照《农业气象观测站上传数据文件内容与传输

规范(试行)V1.2(修订版)》及时录入 AgMODOS 系统,并进行数据传输,具体内容见附录 B。

1.4　农业气象观测规范更正

中国气象局综合观测司在 1997 年 12 月下发了《〈农业气象观测规范〉有关技术问题解答(第 1 号)》,2000 年 3 月下发了《〈农业气象观测规范〉有关技术问题解答(第 2 号)》,部分内容如下。

1.《规范》(上卷)第 7 页 2.1.2 观测次数和时间第 2 条改为:禾本科作物抽穗(抽雄)、开花期每日观测。

2.《规范》(上卷)第 7 页表 1 中小麦品种类型划分冬小麦增加"强冬性",玉米品种类型划分增加"糯型"。

3.《规范》(上卷)第 14 页大豆分枝期标准改为:在主茎叶腋间出现长约 1.0 厘米的侧芽。出现分枝期因品种而异,有的在开花前,有的在开花后。

4.《规范》(上卷)第 19 页表 3 中玉米发育期抽穗应改为抽雄。稻类返青期密度茎数改为株数。

5.《规范》(上卷)第 20 页表 3 中高粱乳熟期密度应改为总茎数和有效茎数,产量结构分析也以茎为单位进行。

6.《规范》(上卷)第 22 页在测定撒播作物密度订正系数时,订正系数改为取二位小数。

7.《规范》(上卷)第 44 页 6.1.5 的"内容见表 6",应该为"内容见表 7",第 45 页的"表 6 主要天气气候情况"也应该改为"表 7 主要天气气候情况"。其中雪灾除记载表中所列内容外,还应记载最大积雪厚度和积雪持续时间。

8.《规范》(上卷)第 49 页第二行"6.1.7"应改为"6.1.8～6.1.11"。

9.《规范》(上卷)第 53 页 8.1.1 的第 3 条改为:"品种类型、熟性:例如双季早稻(杂交稻,籼稻)、中熟、移栽"(此示例为测报系统(AgMODOS)默认生成)。

10.《规范》(上卷)第 57 页第五行:"……以单株(茎)干重计算单株生长率,并记入合计栏",改为"以单株(茎)干重计算生长率,并记入合计栏"。

11.《规范》(上卷)第 65 页样表内"植株受害程度"栏的"平均"改为"百分率"。

12.《规范》(上卷)第 71 页在测定分析观测地段实产时,计算 1 平方米产量应以克为单位,制作农气表-1 时应将"1 米² 产量(千克)"改为"1 平方米产量(克)"。

13.《规范》(上卷)第 73 页生长率单位应改为"克/(米²·日)"。

14.《规范》(上卷)第 85 页第四行"钻筒内径(R)"改为"内半径(R)"。

15.《规范》(上卷)第 91 页 3.3.3"……土壤重含水率记录"应改为"……土壤重量含水率记录"。

16.《规范》(上卷)第 142 页 2.3.4"金腰楼"改为"金腰燕"。

17.《规范》(上卷)第 145 页最后一行的"历所情况"改为"历年情况"。

18.《规范》(上卷)第 159 页"叶变色期"的"始变""全变"分别改为"始期""完全变色期";"落叶期"的"始变""全变"分别改为"始期""末期"。

19.《规范》(上卷)第 160 页"果实或种子成熟"的"全熟期"改为"完全成熟期";"黄枯"的"全枯期"改为"末期"。

20.《规范》(上卷)第 161 页气象水文现象观测记录表,主要内容更正见表 1.2。

表 1.2　气象水文现象观测记录表更正

池塘	开始解冻	改为	池塘 湖泊	开始解冻
	完全解冻			完全解冻
湖泊	开始冻结			开始冻结
	完全冻结			完全冻结
河流	开始冻结	改为	河流	开始解冻
	开始流水			开始流冰
	完全解冻			完全解冻
	流水终止			流冰终止
	开始冻结			开始冻结
	完全冻结			完全冻结

1.5　农气簿-1-1观测、记录

1.农气簿-1-1 封面填写。

(1)作物名称填写:水稻、小麦(或大麦、元麦、青稞、莜麦、燕麦)、玉米、棉花、大豆、油菜、高粱、谷子、甘薯、马铃薯、花生、芝麻、向日葵、甘蔗、甜菜、烟草、苎麻、黄麻、红麻、亚麻、蚕豆等。

(2)品种类型填写:双季早稻(杂交稻,籼稻)、夏玉米(杂交玉米,半马齿型)、冬小麦(冬性)、棉花(普通棉)、大豆(蔓生型)、油菜(白菜型)等,与农业气象测报业务系统(Ag-MODOS)电子报表(C 文件)封面一致。

(3)栽培方式填写,可根据规范要求及实际情况进行组合填写,例如:

① 水稻:移栽。

② 小麦:条播、平作。

③ 玉米:直播、平作。

④ 棉花:移栽、套作。

⑤ 大豆:条播、平作。

（4）台站名称填写，如果是农试站可填写农试站全称；非农试站可填写地面大监站全称，与地面大监站台站名称一致，或者"××国家农业气象一级观测站""××国家农业气象二级观测站"。台站名称应与本台站业务公章一致。

（5）起止日期填写，开始日期填写本农气簿中出现的最早日期，比如田间管理中整地的日期；截止日期应为本农气簿中出现的最晚日期，比如产量结构分析的日期。

2.农气簿 1-1 和农气表-1 中的日期栏一律用"月. 日"的形式记载，如：8 月 8 日记为"8.8"。

3.《规范》（上卷）第 4 页 1.1.2 第 4 条规定进行农业气象观测时"不得缺测、漏测、迟测和擅自中断、停止观测"，同样观测时也"不得早测"。

4.作物观测地段的要求：

（1）观测地段必须具有代表性，代表当地一般地形、地势、气候、土壤和产量水平及主要耕作制度，并保持相对稳定。

（2）观测地段面积，一般为 1 公顷，不小于 0.1 公顷。确有困难可选择在同一种作物成片种植的较小地块上。

（3）地段距林缘、建筑物、道路（公路或铁路）、水塘等应在 20 米以上。应远离河流、水库等大型水体。

（4）地段编号，原则按作物观测地段进行编号，如某站冬小麦、花生为观测作物，冬小麦观测地段也是全年固定测墒地段，地段编号为 1 号，花生观测地段编号为 2 号，由于某种原因，小麦观测地段需更换，其更换地段的编号仍为 1 号，如花生地段更换其编号仍为 2 号。

（5）观测地段需更换，更换地段应与原观测地段在地形、地势、气候、土壤、产量水平及耕作制度等方面要大体相同。另外，必须重新测定田间持水量、土壤容重及凋萎湿度，地段编号仍为原编号。冬小麦、夏玉米两种观测作物均在一个地段上，此地段为一年两作，如该地段编号为"1"号，冬小麦、夏玉米均编号为"1"。如夏玉米播种时更换地段，需另行编号。

5.观测地段分区：将观测地段按其田块形状分成相等的 4 个区，作为 4 个重复，按顺序编号，各项观测在 4 个区内进行，为便于观测需绘制观测地段分区和各类观测点的分布示意图。其图应标注地段的长度和宽度以及坐标方向。

6.观测地段说明：

（1）根据《规范》（上卷）第 5 页 1.2.3，在观测地段说明第 2 点中，应注明土地使用单位，若属个人承包的还需说明承包人。如"地段设在农科所试验大田内，承包人李峰"；在观测地段说明第 10 点中的"近几年"是指"近 3～5 年"。观测地段说明中的"中上"和"中下"都属于大田生育状况调查中的"田地生产水平"（分三级）的"中"等。

（2）种植方式的确定：间作指同时有几种作物按行或带相间播种在同一地段（其中有一种为观测作物或两种均为观测作物）；套作指在前作物收获前，在行间或预留行播种后一种作物;地段上播种同一作物为单作。

7.分蘖作物产量因素测定时,"为便于观测,分蘖前在测点作上标记"。此规定并非每株都作标记,仅在测点一侧作上标记。测量时从标记开始连续观测有代表性的10株。

8.发育期观测:

(1)发育期观测,记载作物从播种到成熟整个生育过程中发育期出现的日期(见《规范》(上卷)第7页第二行),在农气簿-1-1的第3页发育期观测的首次记载中应为"播种"。如果出现先整地,次日或更晚播种,只记田间记载即可,发育期观测记录栏不填写"未"。

(2)作物未到发育期正常结束(比如"成熟"或"停止生长")就收获、拔秆或拔秧,发育期栏记"收获""拔秆"或"拔秧",并在备注栏注明提前收获的原因和收获时的成熟度。

(3)《规范》(上卷)第8页2.1.3中规定进行发育期观测植株选择时,分蘖作物拔节期选取有代表性的大茎进行观测。大茎的概念是指有3片或以上完整叶片、生长健壮、旺盛的茎。

(4)发育期观测总株(茎)数的填写,需统计百分率的发育期,每次观测时均需填写,示例见表1.3。

表1.3 发育期观测总株(茎)数填写示例

观测日期(月.日)	发育期	观测总株(茎)数	进入发育期株(茎)数						生长状况评定(类)	观测	校对
			1	2	3	4	总和	(%)			
7.4	七叶	40	2	1	2	2	7	18		xxx	xxx
7.6	七叶	40	6	5	6	6	23	58	1	xxx	xxx

(5)条播密植作物(如小麦),统计进入拔节期百分率仅在拔节期每个观测点选取10个大茎,四个测点共计40个大茎。

(6)发育期一般隔日或双日进行观测,但旬末应进行巡视观测。巡视观测的含义与正常观测一样,按《规范》规定进行观测并记载。在每次的观测中,只要进入了需观测记载的发育期,不管数量多少,即使达不到始期或普遍期,均应记载。

示例:

① 10.17 播种、10.19 未、10.20 未(旬末巡视)、10.22 未、10.24 未、10.26 出苗、10.28 未、10.30 未、10.31 未(旬末巡视)、11.2 未……

② 10.16 播种、10.18 未、10.20 未(旬末巡视)、10.22 未、10.24 出苗、10.26 未……

(7)禾本科作物(小麦、玉米、水稻、谷子等)抽穗(抽雄)、开花期每日观测。

示例(玉米):

8.3 抽雄、8.4 抽雄、8.5 抽雄、8.5 开花、8.6 抽雄(普遍期)、8.6 开花、8.7 开花(普遍期)、8.7 吐丝、8.9 吐丝、8.10 吐丝(普遍期)、8.12 未……

(8)规定观测的相邻两个发育期间隔时间很长,在不漏测发育期的前提下,可逢 5 和旬末巡视观测。

示例(玉米):

7.31 拔节(普遍期)、8.5 未、8.10 未、8.11 抽雄、8.12 抽雄、……

(9)越冬开始期为植株基本停止生长,分蘖一般不再增加或增长缓慢(可以第一次 5 日平均气温降到 0℃ 的最后一天为准,这里 5 日平均指的是滑动平均;但对冬季经常在 0℃ 左右波动的地区,应根据植株高度变化情况而定小麦越冬是否开始)。有些地区冬季气温经常在 0℃ 左右波动,遇此情况应根据植株生长情况确定小麦越冬开始期。具体观测项目无需硬性规定,可按实际情况观测记载。北方,立春以后第一次 5 天的日平均气温升到 0℃ 以上应注意小麦是否恢复生长,从越冬开始期到立春(2 月 3、4 日或 5 日)后,第一次 5 天的日平均气温达到 0℃ 之前这段时间每月末巡视一次(其含义与正常观测一样,按《规范》要求进行观测并记载),之后恢复隔日观测或逢 5、逢 10 观测。

示例:

12.6 越冬开始、12.31 未、1.31 未、2.5 未、2.10 未、2.15 未、2.17 返青、2.19 未、2.20 未、2.22 未……

(10)冬小麦如果分蘖期出现在越冬开始期后,农气簿-1-1 按发育期出现先后顺序记载(越冬开始后,必须继续进行分蘖观测记载)。

示例:

12.6 越冬开始、12.8 分蘖、12.10 分蘖、12.12 分蘖、12.14 分蘖、12.16 分蘖、12.18 分蘖、12.20 分蘖、12.22 分蘖(普遍期)、12.31 未、1.31 未……

(11)当前后两个发育期交叉出现或一天内同时出现两个发育普遍期时,应按发育期出现的先后顺序进行记载。

(12)在规定观测时间遇到有妨碍进行田间观测的天气或灌溉可推迟观测,过后应及时进行补测。如果按规定(正常、推迟)观测时,发育期百分率超过 10%、50% 或 80%,则将本次观测日期相应作为进入始期、普遍期或末期的日期,并在备注栏注明。

(13)《规范》规定:进行农作物发育期观测时采用隔日观测。第一次观测植株进入发育期百分率≥10%,隔日后第二次观测进入发育期百分率≥80%,普遍期栏记第二次观测的日期。如果是需要进行末期观测的,则第二次观测的日期亦作为末期出现的日期记载。

(14)如果水稻栽培方式为抛秧,移栽期记录抛秧日期,发育期名称仍记移栽,并在备注栏注明。

(15)《规范》(上卷)第 9 页,分蘖和不分蘖作物发育期百分率统计公式为:

$$发育期百分率 = \frac{进入发育期的株(茎)数}{观测总株(茎)数} \times 100\%$$

（16）分蘖作物进行动态观测时，比如水稻分蘖期的分蘖动态观测，分蘖百分率统计按下式计算：

$$分蘖百分率 = \frac{观测总茎数 - 观测总株数}{观测总株数} \times 100\%$$

（17）棉花和油菜等分枝作物应观测盛期，需统计进入发育期的百分率。

（18）棉花开花盛期、吐絮盛期规定：50％的棉株第 4 果枝上有花朵开放记为开花盛期；50％的棉株第 4 果枝上有棉铃吐絮记为吐絮盛期。因此，棉花开花盛期、吐絮盛期观测需统计百分率。

（19）如果油菜无分枝，开花盛期以主序的 2/3 的花开放统计；如果棉花没有第四果枝，开花盛期或吐絮盛期按整株第四朵花开放或第四个棉花桃吐絮观测统计。并在备注栏注明。

（20）考虑到人为干预因素较大，水稻分蘖盛期及有效分蘖终止期，以农业气象测报业务系统（AgMODOS）计算的结果抄录填写。分蘖普遍期后进行分蘖动态观测，每 5 天加测一次密度，分蘖不再明显变化停止观测。

（21）稀植作物定苗前观测植株不固定，每小区选有代表性的一个点作上标记。定苗后固定观测植株，每小区连续选取 10 株，如玉米定苗大多在在七叶期进行，若造成发育期百分率有倒退现象，可重新连续选择有代表性的 10 株进行观测，以后一次观测结果为准。此种情况在备注栏注明。

9.生长状况评定按 1 类、2 类、3 类评定，由于某种原因，前后两次生长状况评定发生了改变，比如从 1 类变为 2 类，应在备注栏注明，并说明原因。

10.《规范》（上卷）第 20 页关于甘蔗高度测定规定为"茎伸长期至工艺成熟每旬测定"，除规定每旬测定高度外，没有明确规定茎伸长期和工艺成熟期是否测定高度。为确保每年甘蔗观测都能按照《规范》规定测定出"从土壤表面量至植株叶子伸直后最高叶尖和最上部一片叶子基部叶枕"两个高度资料，且确保不漏测关键发育普遍期高度值，规定在茎伸长期和工艺成熟期均需测定高度。

11.测定 1 米内株（茎）数，条播密植作物与稀植作物测量方法不能相混。每次测量按实际数字填入。条播作物，1 米内行数的测定仅在第一次密度测量时进行一次，其他测定密度时不再进行 1 米内行数的测定。测定 1 米内株（茎）数的量取长度在测点不变的情况下，也仅在第一次密度测定时进行一次。测定示例见表 1.4。

表 1.4　作物密度测定填写示例（玉米）

测定日期（月.日）	发育期	测定过程项目	测点				总和	1 米内行株（茎）数	1 平方米株（茎）数	订正后 1 平方米株（茎）数
			1	2	3	4				
7.6	七叶（定苗）	量取宽度	7.36	7.19	7.28	7.42	29.25	—	—	—

续表

测定日期 (月.日)	发育期	测定过程项目	测点				总和	1米内行、株(茎)数	1平方米株(茎)数	订正后1平方米株(茎)数
			1	2	3	4				
7.6	七叶 (定苗)	所含行距数	10	10	10	10	40	1.37	—	—
		量取长度	5.35	5.43	5.52	5.47	21.77	—	—	—
7.6	七叶	所含株数	20	20	20	20	80	3.67	5.03	
9.4	乳熟	所含总株数	20	20	20	20	80	3.67	5.03	
		所含有效株数	20	20	19	20	79	3.63	4.97	
备注										

12. 只有撒播作物才进行密度订正。订正系数＝实播面积/包括畦沟、背的总面积。订正系数取二位小数。订正后 1 平方米的株(茎)数＝订正系数×1 平方米株(茎)数。

13.《规范》(上卷)第 19 页表 3 玉米七叶(定苗)、棉花五真叶(定苗)期测定密度按《规范》第 20 页表 3 说明第 2 点的规定执行。即需要定苗的作物,第一次密度测定在定苗时进行。不需要定苗的作物在表上所列发育普遍期测定。若定苗在所规定应测密度的发育期之后,在定苗时测定密度即可。棉花为稀植作物,第一次密度测定时,在每个发育期测点附近选有代表性的一个点,每个测点连续量出 20 个株距,并做上标志,每次密度测定都在此进行。

14. 需要定苗的作物第一次密度测定在定苗时进行。若在作物该发育期的始期、普遍期或者末期(观测末期或自己判断)定苗,填写所处的发育期名称,否则一律填写下一发育期的名称,并在备注栏注明。

15.《规范》(上卷)第 19 页水稻移栽期密度测定为每平方米株数。如果移栽时秧田已分蘖,则应测定每平方米茎数;如果移栽时秧田仍无分蘖,则应测定每平方米株数。

16. 水稻秧田播种采用起畦撒播的,植株密度的测定采用撒播作物"1 平方米株(茎)数"测定方法进行,所测密度值需进行密度订正。如果观测地段面积较小,无法分 4 个测点进行测定时,可采取测定秧田总面积和秧田实播面积的方法进行求算密度订正系数,并在备注栏内注明。

17. 密度记载,示例见表 1.5。

18. 抽穗有效茎数的测定以已抽穗和孕穗的为准。密度测定运算过程及计算结果均取二位小数。

19. 农试站加测的植株密度录入农气表-1 相应栏中。

表 1.5　作物密度测定填写示例

观测日期（月.日）	发育期	测定过程项目	测点 1	测点 2	测点 3	测点 4	总和	1米内行、株（茎）数	1平方米株（茎）数	订正后1平方米株（茎）数
5.26	乳熟	所含总茎数	101	91	99	102	789	98.63	412.27	
			103	98	95	100				
	乳熟	所含有效茎数	94	86	91	95	741	92.63	387.19	
			97	92	90	96				
5.26	乳熟	所含总茎数／所含有效茎数	101／94	91／86	99／91	102／95	789	98.63	412.27	
							741			
			103／97	98／92	95／90	100／96		92.63	387.19	

注：以上两种记载方式均可。

20.《规范》（上卷）第 54 页 8.1.6 作物产量因素测定记录"单株测定值"，观测作物不存在分区记载的，按株或穴计算，如果记录簿中表格不够用可另加附页记载。

21. 棉花产量因素测定，统计果枝数应注意包括未结果的果枝。

22. 农气簿-1-1 中有效株数，无论是哪一种作物，只要填写有效茎数就要注明"（有效茎）"，农气簿-1-1 玉米乳熟期总株数、有效株数填入密度栏。双穗率的填写，单穗的填"0"，双穗的填"1"。其合计数被 40 除，即为双穗率。

23. 越冬死亡率即为越冬死苗率，填写在农气簿-1-1 的"作物产量因素测定记录"栏，返青期茎数多于越冬开始期茎数时，越冬死亡率记为"0"，填写时"合计"栏空白，"平均"栏填写"0"。

24. 不孕小穗和退化小穗的区别：不孕小穗在麦穗上、中、下都可能出现（大部分在麦穗的上、中部），只要有颖无籽粒都算作不孕小穗；退化小穗，仅在麦穗的最下方，两个不成小穗的小穗。

25. 大蘖数：分蘖中具有三片以上完整叶的蘖数，不包括主茎。小麦分蘖数（个）、大蘖数（个）的测定在田间进行。为便于观测，于分蘖前各点做出标记。

26. 棉花自吐絮开始，每个区连续固定 10 株共 40 株。每两天收花一次直至拔秆，记录每次每株摘收铃数和其中僵烂铃数，在产量分析单项记录栏记载（如表格不够可按原格式增加副页），也可将每两天收花数记另一个本上，单项记录栏记每株合计数。

27. 主要作物产量因素的测定，一般要求在田间进行，小麦的"小穗数""结实粒数"和水稻的"一次枝梗数"等项目可以取回室内分析。

28. 棉花产量因素测定第一条，伏前桃数、伏桃数、秋桃数（个）分别在 7 月 15 日、8 月

15 日、9 月 10 日观测,如遇降水或内涝不能进行观测时可推迟观测,过后要及时补测,并在备注栏中注明。但发育期栏应该填写各测定日期所处的发育期,与测报系统一致。

29.甘蔗接近成熟时植株高度增长缓慢,如果连续 3 次测定植株高度无明显增长时则不再测定。

30.生长量测定:

(1)进行作物生长量测定时,取样时间应选在该作物发育普遍期的次日上午植株露水或雨水蒸发后进行。

(2)测定分蘖作物干物质重时,分蘖前按株、分蘖后按茎测定。

(3)进行水稻干物质重量测定时,用每株(茎)干重计算(因水稻从秧田移栽到大田密度变化很大,用 1 平方米干重来计算不科学)。

(4)进行水稻生长量测定时,1 平方米叶面积和 1 平方米株(茎)重的计算所需密度值,如果按规范规定只测定了有效密度(比如抽穗期),就用有效密度值计算,如果既测定了总密度又测定了有效密度,就用总密度值计算。

(5)《规范》(上卷)第 29 页 4.4.1"2.测定叶面积"中第 3 点里的 S_1 应为第 2 点中各样本 S_1 之和的平均。

(6)水稻三叶期进行干物质重量测定时,因植株较小,样本株(茎)重的分器官鲜、干重的计算值和合计值均取三位小数,第四位小数不四舍五入。

(7)生长量出现负值时,要如实记载,并在备注栏注明原因。

(8)《规范》(上卷)第 19 页表 3 中规定小麦、水稻抽穗普遍期进行小穗数和一次枝梗数的测定,如果此时穗尚未完全抽出,难以直接观测,可剥开麦穗、稻穗进行测定。

31.大田调查:

(1)大田调查生产水平按上、中、下填写。调查地块选用高、中、低不同产量的地块进行调查。高产田一般高于全县平均产量的 20%;中产田为全县平均产量;低产田一般低于全县平均产量的 20%。作物生长状况的评定,高产田作物生长良好,中产田作物生长较好或中等,低产田一般生长较差。上述两项应基本一致。

(2)大田生育状况调查中,地段产量取一位小数。

(3)大田调查地点在县境范围内选择高、中、低产量有代表性的地块(以本站观测地段代表一种产量水平,另选两种产量水平的地块),可结合农业部门的苗情分片设点、选择有代表性的田块作为调查点。如该点失去代表性可另选,但必须在备注栏注明。

(4)"大田调查作物的品种应与观测地段作物的品种相同",这里的品种相同只是指品种类型相同,具体的品种名称不一定相同。

(5)在观测地段作物进入某发育普遍期后 3 天内(不包括该普遍期日期)进行大田生育状况调查时,如果因发育状况差异较大,一些项目难以测定时,该项目栏可空白,但为了资料的不缺项,能顺延观测的最好顺延观测,但应在备注栏注明原因。如:8 月 10 日作物观测地段上大豆进入鼓粒普遍期,8 月 11—13 日进行大田调查时,某调查点大豆处在开花始期,那么该时产量因素测定中的荚果数就无法统计,可在大田田块出现可以测量时及时进行补测,并在备注栏内注明造成产量因素推迟测定的原因。

32.产量结构分析:

(1)要在取样后一个月内完成。

(2)株子粒重,应将子粒重除有效株数求出平均数。

(3)百粒重、千粒重,属样本称重应取一位小数,两组之差不大于平均值的 3%。

(4)《规范》(上卷)第 34 页,样本总茎秆重为样本茎秆、叶和空秕粒重量之和。

(5)花生产量结构分析以穴为单位记录,数出 40 穴的每穴株数、荚果数和其中空秕荚果数,填入单项记录栏。计算株荚果数、空秕荚果率。产量结构分析记录按《规范》要求的项目、单位,分析计算步骤进行填写。

(6)在产量结构分析运算过程中不做小数处理(用计算器一次性不分步计算)。

(7)水稻、麦类理论产量中的 1 平方米有效茎数是用乳熟期的有效茎数求得。

(8)水稻产量结构分析,空壳率和秕谷率(秕粒率)计算式中的"穗粒数"是指样本穗粒数之和(包括结实粒数、空壳粒数、秕谷粒数)。水稻、小麦、青稞的穗粒数和结实粒数都应包括脱落粒数。

(9)马铃薯的"屑薯"是指最大直径≤2 厘米的薯块。

(10)《规范》(上卷)第 33 页 5.2.2.1"秕谷率(%)"与第 34 页 5.2.2.1"秕粒率(%)"同义,应统一使用"秕谷率(%)",即:

$$秕谷率 = \frac{秕谷粒数}{穗粒数} \times 100\%$$

(11)统计棉花总蕾铃数时,若果枝断裂,已无法弥补,按实际统计,并在备注栏注明。

(12)蚕豆观测中,未成熟收获,总产量用青豆产量,但应在备注栏注明。

(13)有甘蔗作物观测任务的台站,尽量开展产量结构分析中的锤度测定。

(14)作物产量结构分析,需要进行单株(或茎、穗)测量并做单项记录的项目有:小麦和青稞的不孕小穗数、总小穗数;玉米每穗果穗长、果穗粗、秃尖长(注意不含双穗中的小果穗);棉花吐絮—拔秆期间每次收花的正常铃数、僵烂铃数,霜前花晒干后的纤维长;油菜的每株荚果数;胡麻的每株蒴果数等。

(15)《规范》(上卷)第 33 页 5.1.5 中产量结构分析精度第 2 条规定:籽粒称重采用感量为 0.1 克的天平(建议采用感量为 0.01 克的天平),作物茎秆和甘蔗、薯块重等采用感量 0.5~1.0 克的天平,样本称重和各项计算、平均值均取二位小数。其中籽粒称重采用感量为 0.1 克的天平,读取两位小数时第一位小数为直接读取,第二位小数为估数(建议采用感量为 0.01 克的电子天平,取消估计数)。作物茎秆和甘蔗、薯块重等采用感量 0.5~1.0 克的天平,分次称重,"样本称重"由原规定的"取二位小数"改为"取一位小数"。

33.棉花县平均产量是皮棉的,可在备注栏注明。如上报报表时县平均产量仍未获得,该栏可暂时空着,等了解后再填写。

34.植株受害程度反映作物受害的数量,可数出一定数量(每区不少于 25 株茎数),统计其中受害、死亡株茎数。如果是采取不挖取的方法,在田间如难以区分株数,每点可取 25 茎求其百分率。

35.冬小麦是否遭受冻害应根据分蘗节和心叶基部、生长锥的征状进行判断。在冬季低于 0℃属正常的地区,小麦冬季叶片变色,叶尖干枯致使返青时株高低于越冬开始期,此征状不完全属于冻害,造成的原因是多方面的。小麦冻害调查取样为挖取 40 株进行调查。

36.《规范》(上卷)第 43 页 6.1.1 指出,重点是针对"农业生产危害大、涉及范围广、发生频率高的主要农业气象灾害"。这里应根据当地政府部门的意见,如确认为灾情重、涉及范围广(县境内),即使人力不足,也应组织人力及时进行观测调查,否则不符合规范要求。

37.农气簿-1-1 中"观测地段气象灾害和病虫害观测记录"页部分项目填写要求如下:"受害征状""植株受害程度""器官受害程度"栏,每次观测均应记载;"天气气候情况"栏在灾害开始期、严重期或猖獗期时记载《规范》(上卷)第 45 页表 6 中可以记载的项目,在灾害终止期按表 6 要求记载各项内容。"此种灾情类型在县内分布及受害的主要区、乡名称、数量,受灾面积及比例"栏,只在灾情较重,进行全县范围的灾情调查时填写。其他项目只在灾害终止期时观测记载。

38.灾害的分类标准可根据当地的情况确定,受害征状可参照表 1.6 填写。

表 1.6　作物受害征状参照表

程度	轻	中	重
干旱	旱象发展。20 厘米深土壤湿度占田间持水量<60%;对播种不利,出苗不齐,叶子上部卷起,稻田缺水	旱象发展。20 厘米深土壤湿度占田间持水量 50%左右;播种困难,缺苗严重,叶子白天凋萎,稻田断水不能插秧	旱情严重。20 厘米深土壤湿度占田间持水量<40%;不能播种、出苗;河流断水,植株死亡
洪涝	植株部分被淹	植株大部分被淹,1～2 天排出	植株大部淹死,被冲走,被泥土掩盖,果实腐烂,种子发芽
冰雹	叶子击破,倒伏	茎秆折断,花、果实、籽粒脱落	植株死亡,颗粒无收
大风	植株倒伏,偏离垂直方向 15°～45°	植株倒伏,偏离垂直方向 46°～60°,部分茎秆折断	花、果实、籽粒吹落,植株被风吹走或被吹雪掩盖
低温冷害	叶尖受冻,少量烂秧粉种,对植株正常生育有影响	茎秆、花蕾、未成熟果实受冻,大量烂秧粉种,灌浆受阻	植株冻死、烂秧粉种严重,植株因低温不能成熟,严重影响产量
连阴雨	影响晾晒,田间有积水,少量烂秧	收割播种困难,大量烂秧	种子发芽、果实腐烂,不能播种出苗,烂秧严重

续表

程度	轻	中	重
寒露风	部分叶尖干焦(干寒露风),叶子有受冻征状(湿寒露风)	严重影响开花授粉	花颖变白(干寒露风),停止开花
干热风高温	叶子凋萎变色	花颖变黄变白	种子不能正常成熟,茎秆青枯、炸芒、秕粒
牧区黑灾	有积雪,但不能满足牲畜需要	牲畜几乎没有雪吃	草场没有雪
牧区白灾	雪面上能见到牧草,但牲畜采食困难	因积雪牲畜采食很困难,部分死亡	牲畜无法采食,大量死亡
病虫害	茎叶受害	花、果实、种子受害	全株受害,植株死亡

39.只要对观测作物构成危害的灾害,不管轻、中、重均应进行观测调查记载。如果在同一日期内对轻、中、重三类灾害分别进行了调查,应分别进行记载。分别填写三类灾害的受害程度、征状等,并如实录入到农业气象测报业务系统(AgMODOS)中。

40.农业气象灾害和病虫害调查中的各有关项目,应力求准确、客观。采用实地调查和访问相结合的方法,实事求是地反映全县的情况。如全县范围内存在轻、中、重三类灾害时,灾害的记录分以下两种情况:

(1)观测地段有灾,观测地段代表某一种灾害类型进行观测,对另两种灾害类型进行调查。观测地段的观测记录记在农气簿-1-1"观测地段农业气象灾害和病虫害观测记录"中,另两种灾害类型的调查记录记在农气簿-1-1"农业气象灾害和病虫害调查记录"中。

(2)观测地段无灾,对三种灾害类型都需进行调查,将调查记录记在农气簿-1-1"农业气象灾害和病虫害调查记录"中,因"农业气象灾害和病虫害调查记录"一张表只有两栏,只能记两类,另一类可记在另一张表上。

41.当农业气象灾害开始发生,作物出现受害征状时记为灾害开始期;灾害解除或受害部位征状不再发展时记为终止期。农业气象灾害开始和终止期要通过实地观测记载。天气过程开始和终止时间以台站气象观测记录为准。灾害调查时灾害发生的起止时间,以当地发生的时间为准。

42.灾情记载应以作物是否受害为原则,如了解观测作物未受灾,农气簿-1-1灾情栏无需记载,可在备注栏注明。

43.观测地段发生重旱,全县范围内同样发生重旱,但观测地段在全县范围内相对最轻,应将地段的观测和调查的情况分别如实地填写在农气簿-1-1"观测地段农业气象灾害和病虫害观测记录"和"农业气象灾害和病虫害调查记录"中,并如实录入到农业气象测报业务系统(AgMODOS)中。

44.在灾害调查里,预计对产量的影响按无影响、轻微、轻、中、重记载,中等及以上应估计减产成数。

45.观测地段上某种作物收获时,农业气象灾害或病虫害仍在继续,该灾害或病虫害的终止日期应记为收获的当天,并在备注栏注明。例如,某地从 5 月上旬至 7 月中旬持续干旱,地段上于 5 月 9 日已记录了干旱开始期,此后冬小麦于 6 月 10 日收获,则本次观测地段干旱的终止日期记为 6 月 10 日,备注栏可注明"干旱未结束"。

46.农业气象灾害名称按照《规范》(上卷)第 43 页有关内容和表 1.7 填写。

表 1.7　农业气象灾害名称

天气灾害		干旱	洪涝	暴雨	热带气旋	大风	龙卷风	冰雹		其他
农业气象灾害		冷害	寒露风	连阴雨	浸害	霜冻	雪害	高温	干热风	其他
牧业气象灾害		黑灾	白灾	冷雨						其他
病虫害	病害	稻瘟病	纹枯病	烂秧	锈病	白粉病	赤霉病	叶斑病	棉黄、枯萎病	其他
	虫害	螟虫	飞虱	黏虫	蚜虫	吸浆虫	蜘蛛	棉铃虫	蝗虫	其他

47.发生冰雹灾害时要求测量冰雹密度或积雹厚度,在雹块未铺满地的情况下只测冰雹密度,不量积雹厚度;在有积雹的情况下只量积雹厚度,不测冰雹密度。当冰雹边降边溶时,测冰雹密度要求行动迅速,如果溶化过快,确实来不及测出冰雹密度,则应在备注栏说明。

48.田间工作记载:

(1)《规范》(上卷)第 50 页规定:"从播种前的整地到作物收获、晾晒所采用的各项农业技术措施的名称、数量、效果均应记载。"对不进行整地的田地,可从播种开始记载。如在整地开始前,为了本观测作物所进行的田间管理,也应进行记载,时限一般掌握在播前一个月之内。某些田间工作当时未见到以致漏记,以后调查到可补记,但补记后需加以备注。

(2)灌溉、排水、晒田记载时间时要记载上午、中午、下午、夜间,如:4.21 下午。由于某种原因灌溉、排水、晒田等田间工作未能及时了解,水温如果无从测定,水温一项可不记载。拖拉机耕地或牵引播种时,如果型号难找,亦可不记载。

(3)质量和效果评定按"优良""中等""较差"三级予以记载,"较差"评定记载要在备注栏注明原因。

(4)《规范》(上卷)第 50 页 7.2.1 的第 3 项改为:数量、质量、规格等的计量单位,一律采用法定计量单位,如千克、立方米、米,其数值应取一位小数;"车""挑""担""桶""筐""尺""寸"等,均应折合换算后记录。

49.地段实收面积以平方米为单位,总产量以千克为单位,取小数一位,最后换算出每平方米产量,以克为单位取二位小数。茎秆重单位为克/米^2,样本称重取一位小数,各项计算,平均值均取二位小数。地段无单收单打条件的其产量按调查数字记载,并在备注栏加以注明。地段实收产量 1 平方米产量(克)=总产/实收面积×1000,如:观测地段实收面积为 5000.3 平方米,地段总产量 4125.0 千克,则 1 平方米产量=4125.0/5000.3×1000≈824.95(克)。

50.县平均产量,从县统计局获得,可在备注栏注明资料来源。如果是市或区平均产量,在备注栏注明,如"县平均产量为 xx 市或 xx 区平均产量"。

51. 器官或株(茎)含水率、生长率的计算中,"含水率""生长率""平方米株(茎)重_鲜重""平方米株(茎)重_干重"均取一位小数;"样本总重_鲜重""样本总重_干重_n 次""株(茎)重_鲜重""株(茎)重_干重"均取三位小数。

52. "叶长""叶宽""叶面积"均取一位小数。

53. 小数精度:

(1)高度、小麦越冬死亡率、茎粗、不孕小穗率、空壳率、秕谷率、空秕率、空秕荚率、成穗率、屑薯率、出干率、僵烂铃率、未成熟铃率、蕾铃脱落率、霜前花率、出仁率、出麻率、纤维长、衣分、锤度等均取整数记录。

(2)分蘖数、大蘖数、小穗数、结实粒数、穗结实粒数、不孕小穗数、穗粒数、果穗长、果穗粗、双穗率、秃尖长度、地段实收面积、地段总产量、县平均产量平均值、株铃数、株荚数、株荚果数、株蒴果数、果枝数、一次分枝数、荚果数、花盘直径、茎长、工艺长度等均取一位小数记录。

(3)密度、百粒重、千粒重、理论产量、1 平方米产量(克)、茎秆重、子粒与茎秆比、荚果理论产量、株成穗数、秃尖比、穗粒重、株薯块重、鲜蔓重、薯与蔓比、薯与茎比、鲜茎重、茎鲜重、株子粒重、株荚果重、株结实粒数、子棉理论产量、子粒理论产量、株子棉重、棉秆重、子棉与棉秆比、荚果与茎秆比、株块根重、株脚叶重、株腰叶重、株顶叶重、株叶片重、株纤维重、纤维理论产量等均取两位小数记录。

54. 作物生育期农业气象条件鉴定。按《规范》(上卷)第 56 页 8.1.12 的要求分析,应突出重点气象因子对产量形成的作用和贡献,抓住作物关键发育期的气象条件的利弊与常年和去年进行比较,写出鉴定意见。为了报表的美观,文字要简炼,最好不要加页。

55. 编写作物生育期农业气象条件鉴定所需的作物观测资料常年值应该每年续加,地面观测资料用近阶段三十年整编资料,不需每年续加。比如:2013 年夏玉米观测结束后,需把 2013 年的发育期资料按照夏玉米的品种类型分类续加到以前的合计当中去,求其平均值,在 2014 年的夏玉米生育期农业气象条件鉴定时作为常年值用。

56. 农气簿-1-1 备注栏的填写内容:

(1)特殊情况出现和处理情况(见《规范》(上卷)第 9 页)。

(2)影响记录三性(代表性、准确性、比较性)的应说明原因。

(3)除上述情况外,与记录有关系又必须说明的问题也应在备注栏中说明。

57. 间套作物,如果该两种作物均为规定的观测作物,则分别观测记载。若只有一种为规定的观测作物,则应在备注栏内记载另一种作物的主要发育期(目测),不作正式记录。

58. 原规定,如果 1 月 11 日、3 月 11 日、4 月 11 日、5 月 11 日,冬小麦分别未出现停止生长、返青、拔节、抽穗,需在前 3 日内按规定内容加测,此规定是为了编发 AB 报用的。鉴于 AB 报已取消,取消该内容加测规定。

1.6　农气簿-2-1观测、记录

1.固定观测地段和作物观测地段一样,土壤湿度的测定在逢 8 上午进行。地段各层均取 4 个重复。除非因灌溉或降水等致使田间泥泞无法测墒,否则不准无故提前或推迟测墒,即使在非闰年 2 月 28 日也不准提前测墒。

2.降水或灌溉影响取土时,可顺延到降水或灌溉停止可以取土时补测。应尽量补测,不要缺测。

3.测定土壤湿度时,如果土壤表面有积雪,应小心扒开积雪下钻取土,并在备注栏内注明积雪厚度。

4.钻土取样时取土样重量范围在 40～60 克。土样烘烤时相邻两次抽取样本的重量差应均≤0.2 克。烘烤过程两次抽取样本称重结果均应填写在土壤水分测定记录簿(农气簿-2-1)上。

5.每次测定土壤湿度时必须填写"样本土壤质地"(包括每个层次)。

6.土壤相对湿度的计算公式为 $R = \dfrac{w}{f_c} \times 100\%$,其中 R:土壤相对湿度(%)取整数记载;w:土壤重量含水率(%);f_c:田间持水量(用重量含水率表示)。

例如:计算 0～10 厘米的土壤相对湿度,$w = 19.8\%$,$f_c = 23.6\%$,则 $R = 19.8\% \div 23.6\% \times 100\% \approx 84\%$。

7.土壤水分总贮存量的计算公式为 $V = \rho \times h \times w \times 10$,其中 V:土壤水分总贮存量(毫米);ρ:地段实测土壤容重(克/厘米^3);h:土层厚度(厘米);w:土壤重量含水率(%)。

例如:计算 0～10 厘米的土壤水分总贮存量,$\rho = 1.40$,$h = 10$,$w = 19.8\%$,则 $V = 1.40 \times 10 \times 19.8\% \times 10 = 1.40 \times 10 \times 19.8 \div 100 \times 10 = 27.72 \approx 28$。

8.土壤有效水分贮存量的计算公式为 $u = \rho \times h \times (w - w_k) \times 10$,其中 u:有效水分贮存量(毫米);w_k 为凋萎湿度(重量含水率表示)。

例如:计算 0～10 厘米的土壤有效水分贮存量,$\rho = 1.40$,$h = 10$,$w = 19.8\%$,$w_k = 4.9\%$,则 $u = 1.40 \times 10 \times (19.8\% - 4.9\%) \times 10 = 1.40 \times 10 \times 14.9 \div 100 \times 10 = 20.86 \approx 21$。

土壤有效水分贮存量为负值时,以实际数值记载。

例如:$u = 1.40 \times 10 \times (2.8\% - 4.9\%) \times 10 = 1.40 \times 10 \times (-2.1) \div 100 \times 10 = -2.94 \approx -3$。

9.实测的土壤重量含水率大于田间持水量时,应在备注栏注明。例如:因灌溉,0～30 厘米各层土壤重量含水率大于田间持水量。

10.地下水位测定应在土壤湿度测定日的上午进行,为测定准确,一般在早晨进行。当水井水位因灌溉或饮用等人为因素发生变化时,应在水井水位恢复到正常时进行补测。以米为单位,取一位小数。

11.固定观测地段和作物观测地段需进行土壤水文、物理特性的测定,如果土壤类型、质地相同时,可只测一个作物地段。

12. 地下水位常年稳定较高(黏土、壤土小于 2 米,沙壤土小于 1 米,沙土小于 0.3 米)的地区不进行田间持水量的测定,土壤容重和凋萎湿度测至地下水位深度为止。

13.《规范》(上卷)第 76 页 1.2 规定固定观测地段土壤湿度的测定采用土壤水分中子仪进行测定,由于中子仪已经淘汰,固定观测地段土壤湿度的测定仍采用土钻在不进行灌溉的旱地上进行。测定日期为每旬逢 8。测定 50 厘米深的站点,测定 0～10、10～20、……、40～50 厘米 5 个层次;测定 100 厘米深的站点,测定 0～10、10～20、……、90～100 厘米 10 个层次。采用土样的方法、土样量及烘烤方法、冻土地区冬季固定观测地段土壤湿度测定规定按《规范》中作物观测地段土壤湿度测定方法进行。同时也应进行地下水位深度、干土层厚度、降水渗透深度及农田土壤冻结和解冻观测。

14. 冬季停止测墒时段冻结、春季(立春后)解冻及每年盒号的记载。冻结、解冻日期按照出现时间记在对应的本年度土壤水分记录簿备注栏内。每年土盒的称重,原则上年初称重一次,记在年初使用农气簿-2-1 的最后一页上,以备查考,并在农气簿-2-1 备注栏说明测定日期。

15. 农气簿-2-1 土壤冻结和解冻的观测,《规范》要求记录开始日期,冻结记录开始日期比较好办,但解冻记录开始日期有一定的困难,考虑实际情况,结合《规范》规定,测定冻结、解冻时需挖土进行实地观测。第一次冻结的日期为土壤表层冻结始日;解冻日期以立春(2 月 4 日或 5 日)前后较近的一次日期为准,立春前后各有一次相距同等的解冻日期,以立春前解冻日期为准。例如立春前解冻日期为 1 月 31 日,后又有冻结,2 月 8 日解冻,两次解冻日期距 2 月 4 日均为 4 天,其解冻日期记为 1 月 31 日。10 厘米、20 厘米解冻,可以以靠近立春最近的最先出现的一次解冻日期为准(山东地区)。

16. 从第一个发育期到最后一个发育期内每旬第 8 天采用烘干称重法测定土壤湿度。对越冬作物从冻土深度≥10 厘米起到立春(2 月 4 日或 5 日)后 0～10 厘米冻土完全融化前这一时段内停测,融化后恢复逢 8 测墒。播种期和成熟期与逢 8 的日期超过 2 天应加测土壤湿度(前提是作物观测地段和固定观测地段为一个地段)。

17.《规范》规定:"从冬季冻结深度大于或等于 10 厘米到春季 0～10 厘米深土壤完全融化这一时段内停测。"如立春(2 月 4 日或 5 日)后遇到测土当日冻土≥10 厘米时,本次测土可不进行;过后也不进行补测。例如上年 12 月 25 日冻土≥10 厘米,2 月 8 日冻土 9 厘米,12 月 25 日—2 月 8 日土壤 0～10 厘米冻土未完全融化,2 月 8 日可不测土;如 2 月 5 日土壤完全融化,2 月 8 日又有新的冻土,其深度＜10 厘米,2 月 8 日应恢复测墒,如 2 月 8 日冻土≥10 厘米,可推迟到＜10 厘米的测土日进行测墒(山东地区)。

18. 立春后(2 月 4 日或 5 日)0～10 厘米土壤完全解冻,10 厘米以下有冻结层可不考虑,应恢复测墒(此"0～10 厘米土壤完全解冻"指的是早晨观测的土壤冻结情况)。一旦恢复测墒,不再考虑冻土是否≥10 厘米的问题,以保持资料的连续性(山东地区)。

19. 作物观测地段,灌溉降水量栏填写两次取土间的灌溉量、降水量及其相应日期,且灌溉量、降水量以日为合计值。第一次取土记播种次日至取土日的降水量、降水日期以及灌溉量、灌溉日期,如果取土日正是播种日,则降水量栏空白不填,如果播种后有降水,可在备注栏注明"播种后降水、灌溉多少量"。最后一次填写到成熟之日。

20. 如果作物观测地段和固定观测地段为一个地段,作物观测地段和固定观测地段土壤水分观测记录簿共用一个记录簿,作物成熟后需更换观测簿,下一个观测簿的灌溉降水量栏填写上次测墒次日至本次测墒之间的灌溉量、降水量及其相应日期。

21. 测定日期填写方式:因农气簿-2-1 封面已有年代,故仅填月、日即可。例如"3 月 18 日"填写为"3.18"。

22. 如果某一重复的某一深度缺记录(例如土样倒翻),该深度的总和平均值外加"( )"。如同一深度缺少两个记录或两个以上的记录,则不求总和、平均,该栏划"—"线。

23. 降水的填写:连续降水,日期用横线"—"连接,间隔降水,日期仅使用顿号"、"隔开,不能使用逗号","或者空格或者分号";",比如"·23.6/6.29—7.1、3—4"。

24. 当日取土后有降水,《规范》虽未规定注明取土后降水量,但为了资料的连续性,今后还应在备注栏注明,例如"5.8 取土后降水 0.2 毫米"。

25. 降水渗透深度是在土壤干土层(包括湿土层下的干土层)厚度≥3 厘米,日降水量≥5 毫米或过程降水量≥10 毫米时,降水后根据降水量大小,待雨水下渗后及时测定;如完全解除旱象时,可记"透雨"。若某旬内既有干土层、又有渗透深度记录或渗透层下仍有干土层,均应记载并在备注栏注明。

26. 渗透深度测定,若某次降水后测墒时,可记为"透雨/月.日"。

27.《规范》(上卷)第 82 页 1.6.3 条中的干旱季节,应理解为无论什么季节,只要出现干旱,就应按规定测定降水渗透深度。

28. 常年地下水位大于 2 米的地区,地下水位测定仅在播种时测量一次,并应尽可能在播种时进行。若播种时进行了测墒,则地下水位填写在本次测墒的相应栏中;若用播前的测墒代替,则填写在播后第一次测墒的相应栏,并在备注栏中注明播种和地下水位测定日期,并录入该土壤水分报表的纪要栏中。

29. 对观测作物成熟期出现在临近测墒日之后,成熟时未进行测墒的情况,成熟日期要填在成熟前最后一次测墒的备注栏中,最后一次测墒的发育期栏不填成熟及日期。

30. 冬前 10 厘米冻土出现在冬小麦越冬开始期前时,冬小麦越冬开始日期应在农气簿-2-1 的冬前最后一次测墒日的备注栏中注明,并录入该土壤水分报表的纪要栏中。

31.《规范》(上卷)第 89 页 3.1.3.1 指出,"地段作物旬内所处发育普遍期"中的"旬"是指逢 8 测墒期间的 10 天,即上一测墒日之后到本次测墒日期间。如果本次测墒时遇雨或灌溉,田间泥泞无法测墒,需要及时补测,那么这个"旬"就是上次测墒日次日到本次补测日之间的时间。

32.农气簿-2-1 中发育期栏的填写,应填写上一测墒日之后到本次测墒日期间(如 9 月 8 日)出现的发育普遍期,如填写"乳熟(5.26)"。

33.农气簿-2-1 中发育期栏记载方法:如一旬内有两个或多个发育普遍期出现,则以 8 日为界记最后一发育普遍期;若取土日正是发育普遍期,则发育期栏照填取土日时所处的发育普遍期,测定日期亦照填。

34.农气簿-2-1 备注栏填写的内容:

(1)土壤重量含水率大于田间持水量的原因。

(2)影响记录三性的原因,采取的方法、措施等。

(3)与记录有关系又必须说明的,例如当日测土后的降水量;降水渗透后,湿土下有干土层,其干土层厚度应在备注栏注明。

(4)观测簿未有此项,但又必须记录的,例如土壤冻结、解冻日期、土盒称重等应在备注栏注明。

35.地膜覆盖作物,测墒取土点应在地膜覆盖地方破膜取土。

1.7　农气簿-3 观测、记录

1.有的草本植物一年中有几个荣枯期,则观测第一批从萌动到果实脱落或种子散布期,黄枯期则记载最后秋季枯黄日期。

2.物候观测常年进行,以不漏测物候期为原则,春季和秋季物候现象变化较快时,应隔日进行,动物的物候现象要随时观测。

3.观测开花期以记录雄株为宜,果实或种子应当观测雌株。如果只有雄株或者只有雌株,则只观测一种。记录时应注明雄株(♂)或雌株(♀)。

4.自然物候观测中木本植物为重点观测的物候期,但在农气簿-3"芽开放"栏中分为叶芽与花芽开放两种,这两种芽开放都需观测记录,若只观测到一种芽开放时记录填入相应栏,另一种芽开放未出现时相应栏空白,并在备注栏内注明。

5.《规范》(上卷)第 138 页表 2 中规定豆雁观测始见或始鸣、绝见或绝鸣,在观测中只需进行始、绝见或始鸣、终鸣两种物候现象中的一种,可不必同时观测。

6.如果当年某物候现象未出现(包括木本、草本植物物候期),出现日期栏填写"未出现",并在备注栏注明。

7.如最低温度降至 0℃或 0℃以下时叶子还未脱落,应在相应备注栏中注明"0℃未落",例如"11 月 2 日槐树 0℃未落叶"。

8.《规范》(上卷)第 144 页"气象水文现象"闪电观测中"一年中初次见闪电的日期"不能直接从地面气象观测记录中抄录,须根据实际出现情况进行观测记载。闪电、雷暴观测记载可采用大气观测与农气人员观测相结合的办法,有雷暴一般应有闪电,但也有只听到雷声未见闪电的情况,应以观测员实际观测分别记载。雷声、闪电的记载:只要见闪电或听到雷声就记载,每次雷声和闪电均进行记录,并根据一年的记录确定一年中初次见闪电和最后见闪电以及一年中初次听到雷声和最后听到雷声的日期。

9. 自然物候分析应抓住重点,分析本年物候变化的特点与常年(历年平均值)进行比较。找出物候期出现早晚与气候的关系。此分析不需要面面俱到,只要将大体情况和特殊情况分析出来就可以了,文字要简炼,为了簿表的美观,最好不要加页。

10. 农气簿-3 备注栏主要填写与记录有关的重大事项,如气候反常的评述、重大自然灾害的记录、物候观测植株的危害、更换等情况。

11. 观测动、植物(木本、草本)的数量:国家一级农业气象观测站至少应观测木本植物≥5 种,草本植物≥3 种,动物 4~5 种。此外,各市(地)局、站,可根据当地自然状况和服务需要自选增加观测动植物数量。

12. 国家农气基本站自然物候观测的种类和项目一旦确定后,不要轻易变动,为了保持资料的连续性,要按《规范》详细观测的物候期进行观测记载(其中仅木本植物芽膨大期和花蕾或花序出现期不观测)。

13. 自然物候中土壤表面、池塘、湖泊的开始解冻日期,即为春季开始解冻的日期。在立春前后解冻的,规定立春前后最近的一次解冻日期为春季农田、池塘、湖泊的开始解冻日期。

14. 以观测到雪面开始融化那天为积雪开始融化日,完全融化可根据地面观测记录,最后一次积雪不记积雪符号的那一天为完全融化日,最好以实际观测为主。有些地方实际一年中有多次积雪并随积随化,可记录一年中时间最长一次积雪的开始融化和完全融化日期。当地积雪最长时间少于 15 天的台站可不进行积雪融化观测(此条可根据各省、自治区、直辖市的具体规定执行)。

15. 如果某气象水文现象的终日未出现在春季而是出现在了上一年的冬季,则将出现在上一年的终日记入当年终日栏,并注明出现年份,如 1991 年记录簿应记录 12.20 (1990)。如初日当年秋季未出现而是出现在了第二年春季,当年初日栏记"未出现",第二年终日栏记初日和终日两个日期,初日加以注明。

16. 当年初雪、初次积雪未出现,当年初次积雪栏记"未出现",在第二年终雪栏记初雪和终雪两个日期,开始融化栏记初次积雪并注明,如"2015 年度初雪、初次积雪均未出现,分别出现在次年 1 月 9 日和 1 月 11 日,故分别记在终雪和开始融化栏内"。以上情况均应在备注栏(或重要事项记载栏)注明。例如:

终雪	开始融化	初次积雪
1.9(初日) 2.25	1.11(初次积雪)	未出现

17. "主要观测植物地理环境"中的"鉴定单位"应为具有鉴定资质的单位,如"××林业局"。

18. "主要观测植物地理环境"中的种植年代:如果是草本植物,有的因不能确定是当年生的还是多年生的,可填写"多年生或当年生草本"。

19. 有的木本植物,果实成熟后还没脱落就进行了人工采摘,"果实或种子脱落期"栏空白不填,并在备注栏注明。

20. 如果观测站周围无池塘、湖泊、河流,可不进行相关项目观测,应在备注栏注明。

1.8 农气簿-4 观测、记录

1. 《规范》(上卷)第 175 页规定:"从牧草返青(出苗)开始,每旬末测定一次生长高度,月末测定草层高度和再生草草层高度,直到高度不再增加为止。"牧草返青应理解为当一种优势牧草返青后,每旬末测定生长高度,月末测定草层及再生草草高度。优势牧草由观测站具体掌握,一经确定应保持相对稳定。

2. 若返青期接近月末,测定草层高度时难以分辨高、低草层时,只进行一个草层高度测量,记录填写在"高草层"栏内,"低草层"栏空白,并在备注栏注明。

3. 《规范》(上卷)第 177 页牧草产量测定时间规定:"在所有观测的牧草返青后,优势牧草生长高度≥5 厘米后,每月末测定一次……"此规定应理解为一种优势牧草(由观测站掌握)生长高度≥5 厘米时,再按规定进行测定牧草产量。

4. 草层高度测定:若某一区内高或低草层有缺测,缺测记录在相应栏内划"—"线,平均值以实有重复计算,并在平均值记录外加括号"()"。若有两个或以上的小区缺测,相应栏划"—"线,不做合计、平均。

5. 进行牧草产量测定时,对 4 个小区中的一种主要牧草要数清株数,计算"千株鲜重",其中"平均"栏为总株数除以 4,"合计"栏为 4 个小区该种牧草"株数"之和。若某一或两个小区无该种牧草,则该区"株数、鲜重、干重"以 0 计算。其余分种观测牧草亦按此处理。

第2章

观测资料信息化

2.1 农业气象测报业务系统（AgMODOS）简介

农业气象测报业务系统（AgMODOS）（以下简称"系统"）是一套集观测数据录入、数据编辑、数据应用服务、年报表制作与审核、数据上传和业务质量考核等功能于一体的应用系统软件。由系统管理（AgMOManage）、数据编辑（AgMOEditor）、数据服务（AgMOService）、基数统计（AgMOBase）、报表审核（AgMOReview）等系列业务应用软件组成。

2.1.1 系统组成结构

系统基于 Windows 7 平台，以 MS VB6.0 SP6 为开发软件，Office Access 97-2000 为数据库存储系统，采用 Flex Cell 报表设计软件。

文件系统结构具体内容见表 2.1。

表 2.1　文件系统结构

文件夹	主要文件名	内容
Bin	AgMODOS.exe	任务栏驻留主程序
	AgMOManage.exe	系统管理程序
	AgMOEditor.exe	观测数据编辑程序
	AgMOService.exe	观测数据服务程序
	AgMOBase.exe	观测基数统计程序
	AgMOReview.exe	观测数据年报表审核程序
	AgMODBRepair.exe	数据库修复程序
	AgMODOS help.chm	系统帮助文档
	Zip.dll	文件压缩动态库
	FlexCell.ocx	电子报表组件

续表

文件夹			主要文件名	内容
Dbase			系统参数.mdb	系统观测参数
			本地参数.mdb	台站观测参数
			基数参数.mdb	观测基数配置参数
			用户信息.mdb	台站用户信息（加密）
			农气簿记录索引.mdb	农业气象观测记录簿索引记录
			作物生育状况.mdb	台站作物观测数据
			土壤水分状况.mdb	台站土壤水分测定数据
			自然物候.mdb	台站自然物候观测数据
			畜牧气象.mdb	台站畜牧气象观测数据
			观测基数统计.mdb	台站观测与软件操作基数分析数据
Dbase	Extremum		作物生育状况.mdb	台站作物观测极值数据
			土壤水分状况.mdb	台站土壤水分测定极值数据
			自然物候.mdb	台站自然物候观测极值数据
			畜牧气象.mdb	台站畜牧气象观测极值数据
Backup			Backup＊.Zip、＊.mdb	Dbase下数据库备份、时间点备份压缩文件
Templates	Base		农业气象观测基数统计表.cel 等4个	农业气象观测基数统计表模板
Templates	Input	Crop	发育期观测.cel 等22个	作物观测项目录入模板
		Moisture	土壤水分测定.cel 等10个	土壤水分测定项目录入模板
		Phenological	木本植物物候观测.cel 等9个	自然物候观测项目录入模板
		Farming	牧草发育期观测.cel 等18个	畜牧气象观测项目录入模板
	Reports	Crop	C01_作物观测封面.cel 等8个	作物观测记录年度报表模板
		Moisture	S01_烘干称重法封面.cel 等7个	土壤水分测定记录年度报表模板
		Phenological	P01_自然物候封面.cel 等5个	自然物候观测记录年度报表模板
		Farming	G01_畜牧气象观测封面.cel 等9个	畜牧气象观测记录年度报表模板
Reports	FlexCell	Crop	C＊.cel	FlexCell格式的作物、土壤水分、自然物候和畜牧气象年报表
		Moisture		
		Phenological		
		Farming		
	Excel	Crop	C＊.xls	Excel格式的作物、土壤水分、自然物候和畜牧气象年报表
		Moisture		
		Phenological		
		Farming		

续表

文件夹			主要文件名	内容
Reports	PDF	Crop	C*.pdf	PDF 格式的作物、土壤水分、自然物候和畜牧气象年报表
		Moisture		
		Phenological		
		Farming		
	ZIP		Z*.zip	农业气象观测记录年报表压缩文件
Message	Z		Z*.txt	生成的农业气象观测数据上传文件
	Sending		Z*.txt、C*.zip	发送的农业气象观测数据上传文件
	App		*.jpg	应用服务模块输入/输出目录
	Log		log*.txt	系统日志
	Base		*.Cel、*.xls	观测基数分析统计报表
	Review		*.xls	观测年报表审核报告
CFiles	Upload		C*.cel	待审核的全省或本站 C 文件
	Trial		C*.cel	预审的全省或本站 C 文件
	ToExamine		C*.cel	通过审核的全省或本站 C 文件
	Recall		C*.cel	撤回的台站 C 文件
	Backup		C*.cel	审核前备份的 C 文件
NFiles	Transform		N*.txt	由 C 文件转换单项的 N 文件
	Compose		N*.txt	生成的 N 文件
	Sending		N*.txt	已发送的 N 文件
Temp	Export		*.cel、*.xls	输出的观测数据电子报表文件
	Input	Crop		人工输出作物观测项目输入的表单数据
		Moisture		人工输出土壤水分测定项目输入的表单数据
		Phenological		人工输出物候观测项目输入的表单数据
		Farming		人工输出畜牧观测项目输入的表单数据
	Lately	Crop		同步保存作物观测项目输入的表单数据
		Moisture		同步保存土壤水分测定项目输入的表单数据
		Phenological		同步保存物候观测项目输入的表单数据
		Farming		同步保存畜牧观测项目输入的表单数据

系统各功能组成具体内容见表 2.2。

表 2.2 业务功能组成

功能	组成	主要内容
用户管理	编辑	添加、删除业务用户,修改用户的密码与属性(必选)
	权限	分配用户的系统管理和使用业务模块的权限(默认)
参数设置	台站信息	设置区站号、经纬度、名称及人员等基台站本信息(必选)
	测墒土盒参数	设置土壤水分测定中所使用的土盒编码与重量(必选)
	作物观测参数	初始化或管理本站观测作物规定的观测项目、内容等参数(必选)
	作物发育期常数	设置本地观测作物发育期特征参数;提取当年发育日期与分析常年值发育日期(必选)
	观测数据极值	初始化或管理本站观测项目的阈值(最大与最小值)(必选)
	自然物候观测参数	设置本地观测植物、候鸟、昆虫或动物等项目(默认)
	牧草观测参数	设置本地观测牧草牧草、发育期等项目(默认)
数据库维护	数据库备份与还原	系统参数、观测数据的备份与还原,包括副本备份与时间点压缩备份
	数据库合并	合并在其他 AgMODOS 上采集的同类观测数据,形成统一、完整的观测数据
	数据库优化	进行数据查重优化、删除不需要的记录
	数据查询	条件查询观测数据,结果可输出报表
数据编辑	观测记录簿管理	创建与管理作物、土壤水分、自然物候和畜牧气象四类年观测记录簿
	观测数据录入	录入作物、土壤水分、自然物候和畜牧气象各项观测数据
	观测数据浏览与输出导出	浏览作物、土壤水分、自然物候和畜牧气象各项观测数据表,可导出多种格式数据文件
	观测数据修改、删除	以表单形式,修改作物、土壤水分、自然物候和畜牧气象各项观测数据,或删除整条记录
数据编报	实时数据上传文件编制	制作作物、土壤水分、自然物候和畜牧气象实时观测数据上传文件(Z 文件)
	年度数据上传文件编制	制作作物、土壤水分、自然物候和畜牧气象年度观测数据上传文件(Z 文件)
报表管理	观测数据年报表制作	制作作物、土壤水分、自然物候和畜牧气象观测记录年报表(C 文件),包括 FlexCell、Excel、PDF 格式
	观测数据年报表查询	可视化查询作物、土壤水分、自然物候和畜牧气象观测记录年报表,实现浏览与导出
	观测数据年报表审核	审核作物、土壤水分、自然物候和畜牧气象观测记录年报表,可修订、保存报表数据
	观测数据年报表转换	对作物、土壤水分、自然物候和畜牧气象观测记录年报表格式转换,形成气象行业标准的 N 文件

续表

功能	组成	主要内容
文件传输	Z 文件上传	以 FTP 方式上传 Z 文件（台站）
	C 文件上传	以 FTP 方式上传压缩的 C 文件（台站）
	N 文件上传	以 FTP 方式上传 N 文件（省级）
图表分析	作物发育期变化	分析制作作物全生育期的发育期、植株密度变化直方图
	作物叶面积变化	分析制作作物全生育期的单株叶面积、叶面积指数变化直方图
	作物灌浆速度变化	分析制作作物不同发育期的器官含水率、生长率和灌浆速度变化直方图
	土壤水分变化	分析制作观测期间各土层土壤相对湿度、重量含水率、水分储存量变化直方图
	农业气象灾害统计	分析制作全年出现各种农业气象灾害频次的直方图
质量评估	观测基数统计	分析、统计本站观测员年度内的观测基数情况
	软件操作基数统计	分析、统计本站观测员年度内的测报软件操作基数情况

2.1.2　数据库存储

1. AgMODOS 系统数据库包括系统参数、本地参数、基数参数、用户信息、农气簿记录索引、作物生育状况、土壤水分状况、自然物候、畜牧气象和观测基数统计等各类存储数据库。

2. 系统参数数据库包含作物参数、全国地面气象观测站、全国农业气象观测站、全国气象台站档案号、植物物候期、气象水文现象、牧草发育期、灾害名称数据表，以及 A/B/D/E/F/G/H/P/S/T/V/W 等编码表。

3. 本地参数数据库包含台站信息、FTP 参数、作物参数、作物发育期参数、作物发育日期、植物动物（名称）、植物物候期、气象水分现象、牧草名称、牧草发育期、土盒参数、传输时间等数据表。

4. 基数参数数据库包含观测基数项目、软件基数项目、其他业务项目和簿及文件管理项目等数据表。

5. 用户信息数据库仅含用户数据表，存储用户名称、密码、权限等。

6. 农气簿记录索引数据库包含作物生育状况观测索引、土壤水分测定索引、自然物候观测索引和牧草生长发育观测索引等数据表。

7. 作物生育状况数据库包含地段说明、发育期观测、植株生长高度测量、植株密度基准测量、植株密度测量、植株叶面积测定、植株叶面积分析、植株干物质重量测定、灌浆速度测定、产量结构分析、产量结构分析单项、产量因素测定、大田生育状况基本情况、大田生育状况观测调查、农业气象灾害观测、农业气象灾害调查、田间工作记载、纪要和农业气象条件鉴定等数据表。

8. 土壤水分状况数据库包含地段说明、土壤水文物理特性、干土层厚度、土壤水分测定、土壤水分分析、降水或灌溉与渗透、土壤冻结解冻、纪要和土壤水分变化评述等数据表。

9. 自然物候数据库包含植物地理环境、木本植物物候观测、草本植物物候观测、候鸟昆虫两栖类动物物候观测、气象水文现象分项观测、气象水文现象观测、植株受害情况、重要事项和物候分析等数据表。

10. 畜牧气象数据库包含观测地段及放牧场说明、牧草发育期观测、牧草生长高度测量、草层高度测量、再生草草层高度测量、灌木半灌木密度测定、灌木半灌木覆盖度测定、覆盖度草层采食状况、牧草分种产量测定、灌木分种产量测定、牧草灾害观测、家畜灾害观测、牧事活动调查、家畜膘情等级调查、家畜羯羊重调查、调查畜群基本情况和牧草家畜影响评述等数据表。

11. 观测基数统计数据库包含观测基数统计（结果）、软件基数统计（结果）、观测基数分析明细、软件基数分析明细、观测基数分析信息、软件基数分析信息、软件业务操作信息等数据表。

2.1.3 数据模板

1. 观测数据采集输入模板

各类观测数据采用 FlexCell 电子模板录入，按作物、土壤水分、自然物候和畜牧气象四类划分子模板设计与存储，内容详见表2.3。

表 2.3 观测数据输入模板清单

数据类型	包含输入模板(cel)
作物	地段说明、发育期、发育期参数、发育期观测、植株生长高度测量、植株密度基准测量、植株密度测量、植株叶面积测定、植株叶面积分析、植株干物质重量测定、灌浆速度测定、产量结构分析、产量结构分析单项、产量因素测定、产量因素简便测定、大田生育状况基本情况、大田生育状况观测调查、农业气象灾害观测、农业气象灾害调查、田间工作记载、纪要和农业气象条件鉴定
土壤水分	地段说明、土壤水文物理特性、干土层厚度、土壤水分测定、土壤水分分析、土壤重量含水率、降水或灌溉与渗透、土壤冻结解冻、纪要和土壤水分变化评述
自然物候	植物地理环境、木本植物物候观测、草本植物物候观测、候鸟昆虫两栖类动物物候观测、气象水文现象分项观测、气象水文现象观测、植株受害情况、重要事项和物候分析
畜牧气象	观测地段及放牧场说明、牧草发育期观测、牧草生长高度测量、草层高度测量、再生草草层高度测量、灌木半灌木密度测定、灌木半灌木覆盖度测定、覆盖度草层采食状况、牧草分种产量测定、灌木分种产量测定、再生草产量测定、牧草灾害观测、家畜灾害观测、牧事活动调查、家畜膘情等级调查、家畜羯羊重调查、调查畜群基本情况和牧草家畜影响评述

2. 观测数据报表输出模板

作物、土壤水分、自然物候和畜牧气象观测数据年报表采用 FlexCell 电子模板设计与存储，各类报表包含若干子报表，内容详见表 2.4。

表 2.4　观测数据年报表模板清单

报表类型	包含输出模板(cel)
作物	C01_作物观测封面、C02_作物发育期与产量结构、C03_大田生育状况观测调查、C04_观测地段农业气象灾害和病虫害、C05_农业气象灾害和病虫害调查、C06_主要田间管理工作、C07_生长量测定和 C08_观测地段说明与农业气象条件鉴定
土壤水分	S01_烘干称重法封面、S02_观测地段说明与土壤水分变化评述、S03_土壤重量含水率、S04_土壤水分总贮存量、S05_土壤有效水分贮存量、S06_土壤相对湿度、S07_土壤水文物理特性及其他
自然物候	P01_自然物候封面、P02_主要植株地理环境与物候分析、P03_木本科植物物候期、P04_草本科植物物候期、P05_气象水文现象与候鸟物候
畜牧气象	G01_畜牧气象观测封面、G02_观测地段说明与畜群调查、G03_牧草发育期、G04_牧草生长高度、G05_牧草产量测定、G06_草层高度、G07_牧草及家畜气象病虫害灾害、G08_家畜膘情调查、G09_牧事活动与影响评述

3. 基数统计报告模板

包含农业气象测报软件基数统计表、农业气象观测基数统计表电子模板。

2.2　系统管理

1. 电脑首次安装农业气象测报软件"AgMODOS"，须安装"AgMODOS_Setup. exe"系统完全安装包程序，然后升级一个最新补丁即可。

2. 如果更换电脑，可把原来业务机的"AgMODOS"整个文件夹内容拷到新的电脑，然后安装"AgMODOS_Setup. exe"在这个目录下（如 D：\AgMODOS），再升级最新补丁即可，这就等于把原来业务机 AgMODOS 内所有内容原封不动地搬了过来。如果只把Dbase 拷过来，就只是把原来原始数据复制了过来，而原来发生的日志、备份、报表、报文等相关信息则留在了原处。

3. 测站信息经、纬度以"度"表示（如"35.5994°"），报表封面以"度分"表示（如"35°35′"），分、秒需进行换算，如 $35°35′58″$ 换算过程为：$58″/60 = 0.9667′$，$35.9667′/60 = 0.5994°$，即 $35°35′58″ ≈ 35.5994°$，可保留 4 位小数录入。

4. 海拔高度单位为米，是本气象站大监站地面观测场海拔高度值，取 1 位小数。

5. 观测参数初始化：由系统观测参数复制到本地观测参数，一方面提供正确的观测参数配置信息，防止因本地操不当丢失部分参数；另一方面为观测项目、内容的调节及地方观测补充、修订提供可靠的数据源。观测参数初始化只是对本地观测参数补充新的内容，不会造成本地数据库资料的丢失。具体操作步骤见图 2.1。

6. 六大作物（水稻、小麦、玉米、棉花、大豆、油菜）的"作物名称""品种""类型""熟性"等内容不允许删除或修改。根据台站实际情况，可修改"常规观测项目""栽培方式"以下和"大田

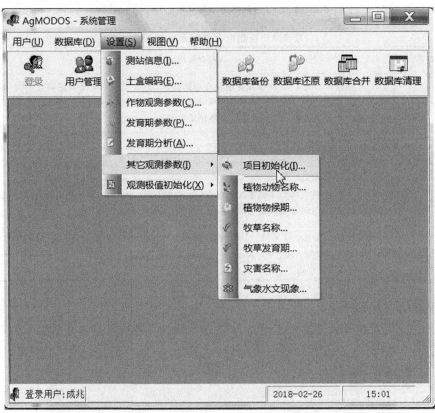

图 2.1 观测参数初始化

调查项目"栏下的有关观测项目。一般的观测项目的参数(内容)之间以半角逗号(,)隔开,某观测项目无内容的填写左斜杠(/);大田调查产量因素项在同一发育期观测多个项目,在项目前后采用花括弧({}),项目之间采用左斜杠(/)分隔描述,如麦类大田调查产量因素项为"越冬开始{分蘖数/大蘖数},返青{分蘖数/大蘖数},抽穗{小穗数}"。如果发现自己台站的本地作物参数设置错误,可点击"删除""新增",重新生成正确的本地作物参数。

正确设置如图 2.2 所示。

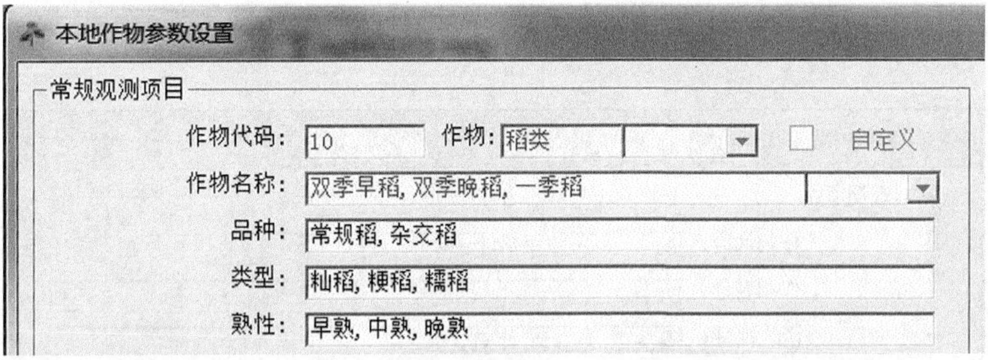

稻类

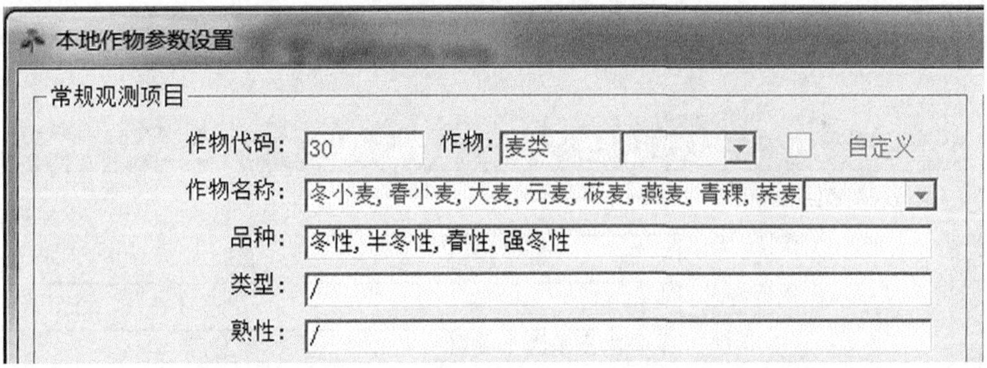

麦类

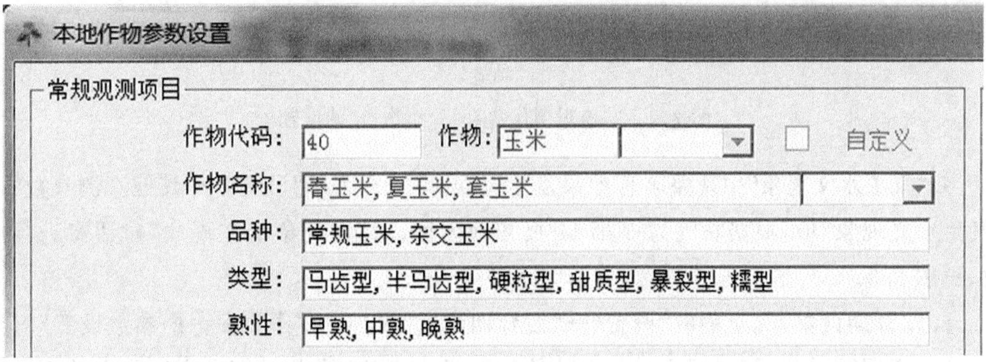

玉米

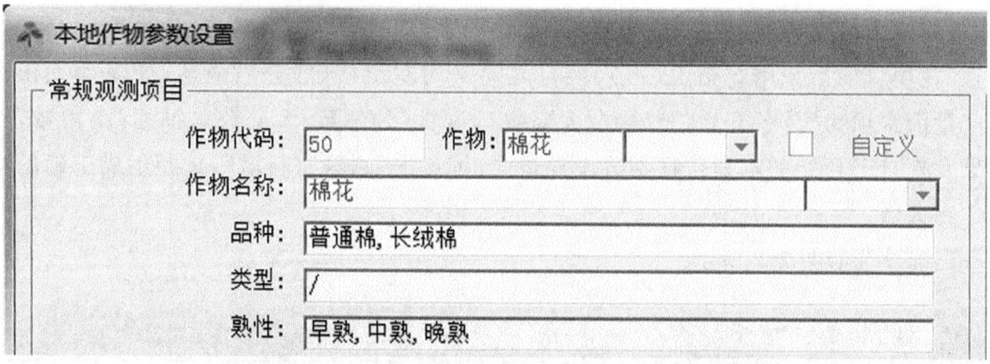

棉花

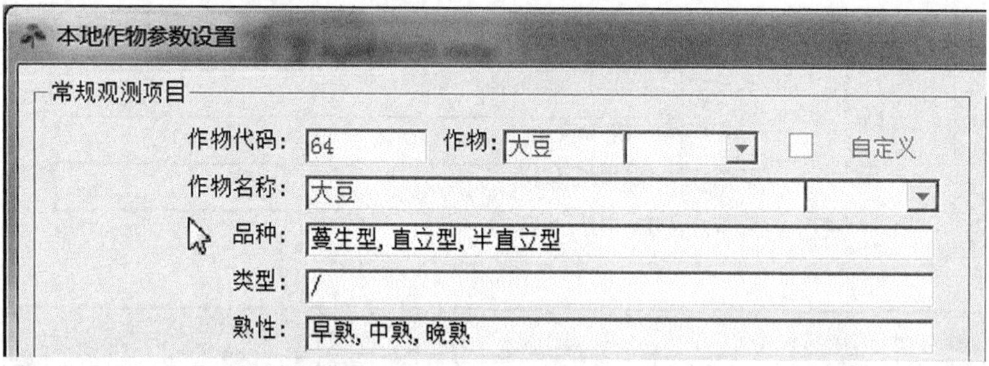

大豆

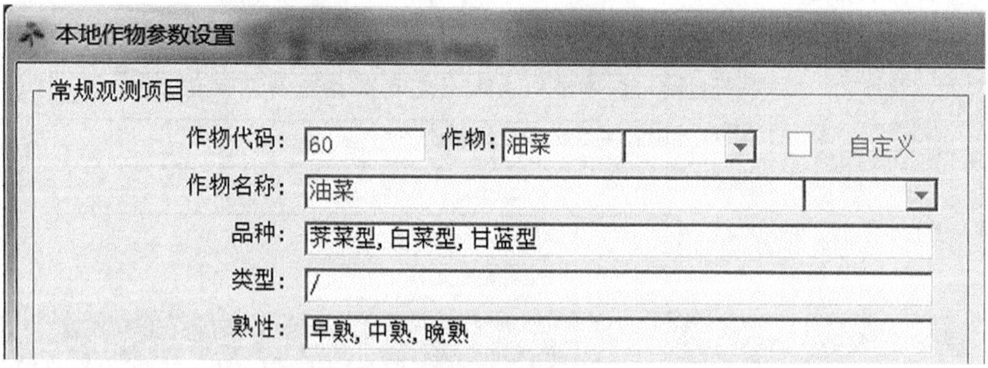

油菜

图 2.2　本地观测作物(六大作物)正确设置

7."气象水文现象"中现象名称如果发生错误,可选择菜单"设置"→"其他观测参数"→"气象水文现象"项,根据农气簿-3 第 11 页各项名称,通过"气象水文现象"对话窗进行修改,见图 2.3。

8.发育期设置:选择菜单"设置"→"发育期设置"项,显示"作物发育期参数设置"对话窗。"发育期距平分析参数"栏显示默认的发育期及其需要分析计算发育期距平的不同发育程度,如始期、普遍期、末期等,并在相应的单元打勾,如果默认的不合适,则需要人工修

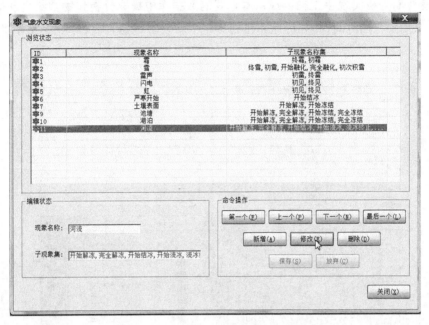

图 2.3　气象水文现象修改对话窗

改；如果是目测发育期，如"播种""出苗"等发育期仅选择目测即可。点"保存"以保存发育期距平参数，见图 2.4。

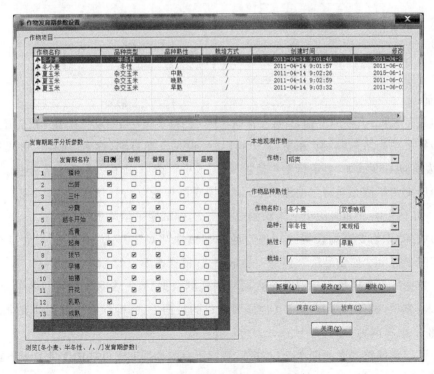

图 2.4　作物发育期参数设置对话窗

9. 发育期分析实现手工输入或从本地观测数据库中提取分析作物常年出现的始期、普遍期、末期发育期时间,并分析计算作物历年平均发育日期,供实时分析发育期距平使用,见图 2.5。

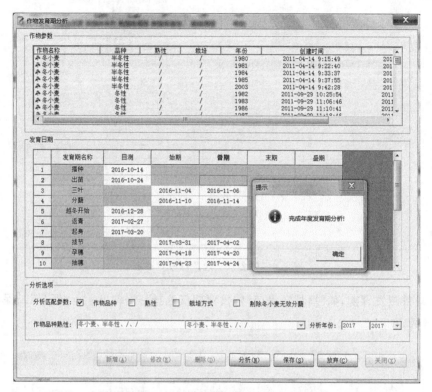

图 2.5　作物发育期分析对话窗

注意:

(1)只有求取了历史常年值,日常发育期录入时测报系统方可自动计算填充距平值。

(2)年度观测结束后,须"新增"、"分析"该年度发育期日期,然后"保存",形成对上年度作物发育期日期续加,再进行常年值求取,完成资料续加,形成新的历史常年值。

(3)历史常年值必须每年追加求取,如果该观测作物以前只观测过一年,那么常年值即为该一年的资料。如果历史从未观测过该作物,那么距平值输入"0"。

(4)如果"作物发育期设置"中"作物品种""熟性""栽培方式"未区分,发育期分析的"分析匹配参数"中"作物品种""熟性""栽培方式"可选择不打勾。

10. 数据库备份模块用于对系统数据库的观测数据、系统参数配置进行备份,以防止数据录入、修改、删除的误操作或其他原因造成的数据丢失,确保系统数据的安全。数据库的备份一般有两种方式:

(1)保存系统数据库的副本,直接拷贝系统所有的数据库到默认的文件目录下或用户指定的目录下进行保存。

(2)备份时,以"Backup+年月日小时分钟 00(北京时).ZIP"格式的压缩文件保存。

这两种方式备份文件均同时存放在"\AgMODOS\Backup"下。

还有一种备份方式,就是把"AgMODOS"或"Dbase"整个文件夹复制到另外的地方。

11. 如果对 2014 年 1 月 23 日之前的数据库进行合并,首先必须对 2014 年 1 月 23 日之前的 V1.5.0 版本数据库表结构进行修复,然后再进行合并。合并的具体操作步骤是:

(1)把"\AgMODOS\"下的"Dbase"进行备份,形成 Dbase 复件。

(2)把需要修复的数据库文件"农气簿记录索引.mdb""作物生育状况.mdb""土壤水分状况.mdb""自然物候.mdb""畜牧气象.mdb"或者备份文件"\AgMODOS\Dbase\Backup"下"农气簿记录索引.mdb""作物生育状况.mdb""土壤水分状况.mdb""自然物候.mdb""畜牧气象.mdb"后的备份日期去掉粘贴到"\AgMODOS\Dbase"下,运行"\Ag-MODOS\Bin"下的"AgMODBRepair"程序进行数据库表修复。

(3)把修复后的数据库 Dbase 剪切到不同的盘符下。

(4)把"Dbase 复件"重命名,去掉"复件"二字。

(5)从"数据库"菜单下选择"数据库合并"项,或点击工具栏上的"数据库合并"图标按钮,显示"观测数据库合并"对话窗,选择目标数据库。在"目标数据库路径"下选择要合并的目标数据库所在文件夹位置(Dbase);选择将要合并的目标记录簿名称列表(多选项),选择"合并测站信息"和"合并发育期参数"两个复选框;选择"匹配本站信息"项,要求被合并的资料属于同一台站。点击"合并(M)"按钮进行数据库合并,见图 2.6。

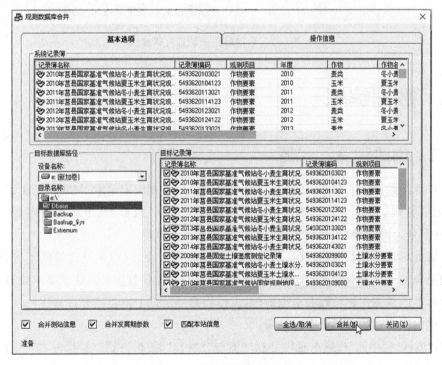

图 2.6　数据库合并对话窗

12. 删除电子记录簿，如果是空记录簿，可在数据编辑模块的簿管理中进行删除；如果记录簿有数据，则需要从系统管理模块中的"数据库清理"，选取"数据库记录清理与删除"，见图2.7。

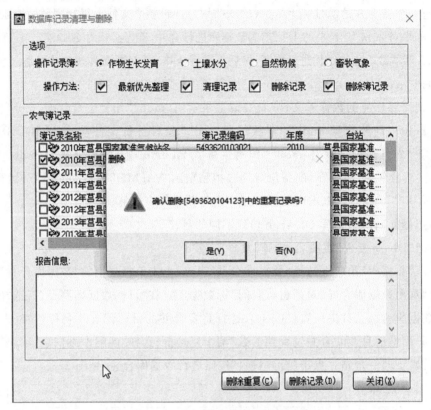

图2.7　数据库记录清理对话窗

2.3　数据编辑

2.3.1　创建观测记录簿

1. 在观测数据录入之前，必须在农气簿封面中建立相应记录索引档案，产生记录索引编码、记录名称以及保存该观测对象的基本属性。依据《规范》制定的观测内容，分为作物、土壤水分、自然物候和畜牧气象四大类电子观测记录簿。

2. 系统对观测记录簿修改时，只对更改内容进行保存，但对记录簿编码不进行修改。这样用报单位进行资料解译时仍然是台站修改前的作物参数信息。这就要求建簿前系统管理中的本地观测作物参数务必准确（六大作物熟性及以上内容不允许修改）。

3. 建立作物观测电子索引记录簿。

(1)"属性"栏中的"作物名称""品种""类型""熟性""栽培方式""耕作方式""年度"等项目可以直接从相应的组合列表框中选择或由键盘输入，无内容输入"/"，不可空白。

（2）冬小麦、油菜等跨年度作物，务必选中"越冬作物"复选框项。

（3）"记录簿名称"自动形成，由"年度"＋"台站名称"＋"作物名称"＋本类数据特征名称＋品种类型＋熟性＋"生育状况观测记录"等组成的字符串，操作员不能修改。

（4）"簿名称附加"栏的"品种类型"和"熟性"复选框，可选择可不选择。

4. 建立土壤水分测定电子索引记录簿。当固定观测地段与作物观测为一个地段时，建簿具体步骤为：

第一步：年初建立本年度固定观测地段水分测定记录簿。以种植冬小麦为例，选择"地段类别"为"固定观测地段"，然后从作物栏列表点击三角符号选择"增添作物"，然后从右边的选择列表选择相应作物名称，比如"麦类"，然后逐一选择各选项。

第二步：第二种观测作物播种时，及时修改年初建立的本年度固定观测地段水分测定记录簿，以夏玉米为例，修改时不要双击单元格清空，重复上面的步骤，选择"增添作物"，然后，从右边的选择列表选择相应作物名称，如"玉米"。

第三步：如果还要种植第三种作物，在第三种观测作物播种时，及时修改本年度固定观测地段水分气簿，方法同上，见图 2.8。

系统最多容纳三轮作物。

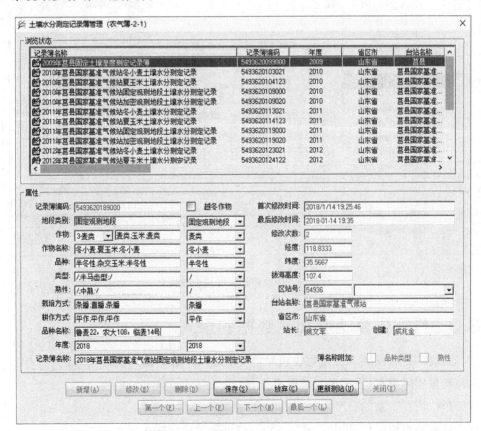

图 2.8　固定土壤水分测定记录簿管理——添加第三作物对象及属性

2.3.2　数据修改

　　观测数据修改模块用于修改或删除已录入的观测数据。该模块要求具有"修改"权限以上的操作员才能操作。

　　修改数据时,选择"数据编辑"模块进行"数据→数据修改"项,或点击工具条上的"修改"图标按钮,选择"允许更新""允许删除"两个复选框,通过按"Del"键来删除整条记录,见图2.9,或者修改某单元格内容,见图2.10。

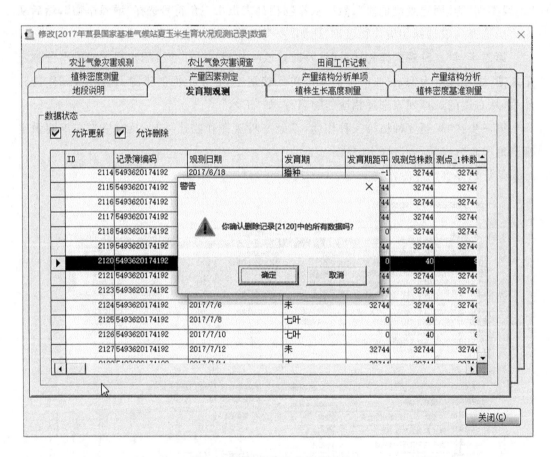

图2.9　删除作物发育期记录信息

2.3.3　作物生育状况观测数据的录入

　　1.地段说明中,仅要求在作物收获并整理好地段产量后输入全部项目。

　　(1)地段实际面积(平方米)、地段总产量(千克/公顷)取1位小数。

　　(2)单位面积产量(克/米²)取2位小数,由系统自动计算。

　　(3)观测地段说明栏可用"Ctrl"+"Enter"组合键换行输入文本。

进行保存,报表显示为空。

(2)受害期设置成字符型输入,可以填写数字日期,也可以填写间隔日期,如"6.5—6.7"。

(3)"减产趋势估计"按照"无""轻微""轻""中,×"或"重,×"录入,录入时,选择"中,×"然后把"×"改成减产"成数"数字即可,按纸质气簿记录的百分比换算成"成数"填写,如"30%"就折算为"3"。

(4)"植株受害程度"设置成字符型可描述性输入,"器官受害程度"按默认项选择输入。

11. 田间工作记载:在"起始日期"和"结束日期"里,如果是在一天内完成某项田间工作,两个单元格可以填写为同一个日期;"项目内容"和"质量"必须从系统提供的组合列表中选择输入。

(1)"项目内容"须按默认的具体项目名称输入,如果默认项没有自己观测记载的项目名称,可按"田间管理"或"其他"输入,做到编报时有编码。

(2)"项目内容"选择时,可按照"项目内容"所列内容最后的名称选择,如"田间管理-打除草剂"的"田间管理"为编码分类,报文编报、报表输出只按照"打除草剂"来进行。所以,农气簿-1-1记载内容也应该是"打除草剂",与其一致。

(3)田间管理的灌溉时间,按规范要求需要填写"上午""下午"等字样,在软件中无法实现,可在"方法、工具和数量"里体现,比如"上午,电力抽水……"。

12. 植株叶面积测定:单株超过 20 叶时,输入前 20 叶并保存后,再新增输入剩余叶的观测数据。若采用叶面积仪测量直接得出的单叶面积时,直接在"面积"栏下输入测量值,"叶长""叶宽"为空;若同时输入"叶长""叶宽"和"面积"项目内容,系统以"面积"栏内容优先,不再计算长、宽形成的面积。

13. 植株叶面积分析:扫描页面积结果的,需转换为单株叶面积值后,直接按 1 株、1 叶的面积测量值输入,取一位小数,"叶长""叶宽"栏为空。

14. 计算 1 平方米分器官或株(茎)的含水率(%)、1 平方米分器官、总干重的生长率,均取 1 位小数;样本总重的分器官鲜、干重取 3 位小数;株(茎)鲜、干重计算取 3 位小数;1 平方米鲜、干重取 1 位小数。小数四舍五入。输入干物质重量时,必须已完成输入同发育期的密度测量值,且按测定时间前后顺序输入干物质重量测定值。首次进行干物质测量,不分析计算生长率,值为"32744"。

15. 农业气象条件鉴定:

(1)"分析日期"可以填写台站纸质气簿的最后分析日期。

(2)"农业气象条件鉴定"内容可从别处粘贴过来,排版格式不需设置,每条结束后,按"Ctrl+Enter"组合键换行,文字默认采取居中排列,报表输出时按左对齐输出,如果段首想缩进两个汉字输出,可按每段段首两个汉字的空格输入保存。

(3)"增减产百分率"允许保留 1 位小数输入正数、负数,正数只输数字,不输符号;负值进行输入。

(8)发育期距平栏由系统计算后自动读入,显示"始期"或"普遍期"或"末期"的距平值,也可人工干预输入。数据以人工输入值优先保存,该距平值为当年值减常年值,符号照输。系统自动读取时,数据库中必须存在历年分析值(1900年)的数据,本地参数"熟性"及以上内容与系统参数须对应一致,否则无法读取。

(9)作物发育期首次达到普遍期录入时需选择"生长状况评定"。

(10)《规范》中一些观测时期(发育期)不明确,如"移栽(前三天)""七叶(定苗)""三真叶(定苗)""五真叶(定苗)""成活(定苗)""1月10日前3天"(越冬作物不停止生长)等,需确认作物所处的具体发育期后,按系统提供的发育期信息输入。

(11)作物未成熟而提前收获、拔秧或拔秆,发育期栏记载"收获""拔秧"或"拔秆",日期记载"收获""拔秧"或"拔秆"日期,并在"纪要"表注明提前收获的原因和收获时的成熟度。

(12)"开花盛期""吐絮盛期"不是独立发育期,不进行"生长状况评定"。

(13)"开花盛期""吐絮盛期"可按目测和统计百分率两种方式录入,系统默认按照目测设置;如果按统计百分率方式输入,在界面上选择好"观测株数"后直接录入即可。

3."定苗"进行植株高度、密度测量的作物发育期,若在作物发育期的始期、普遍期或者末期(观测末期或自己判断)定苗,填写所处的发育期名称,否则一律填写下一发育期的名称;水稻、油菜等作物需在移栽前三天内测定其生长量,发育期名称统一填写为"移栽",不再填写"前三天"等字样;"1月10日前3天"(越冬作物不停止生长),发育期名称统一填写为"越冬开始"。

4.植株密度的测量计算由"植株密度基准测量"和"植株密度测量"两项共同完成。

(1)植株密度测量调用"植株密度基准测量"数据时采用的是时间靠近法,所以有生长量观测任务的台站在进行成熟期密度计算之前,须重新输入一次基准密度。

(2)栽培方式为"撒播"的作物,"植株密度基准测量"里无需输入任何内容。水稻由秧田移栽到大田生长的,发育期为"移栽"时其"栽培方式"选择为"撒播",其密度值只输入"植株密度测量","植株密度基准测量"不输入内容。

(3)作物所处的"耕作方式"必须选择正确,包括条播、稀植(穴播、穴栽)、撒播、间套。比如:小麦选择"条播",玉米选择"稀植(穴播、穴栽)",水稻选择"穴播""穴栽"或"撒播",花生选择"穴播"或"穴栽"等。"测定面积"栏输入4个测点实际的面积,如水稻秧田每个测点取0.04平方米,"测定面积"栏输入"0.16","订正系数"栏输入"1"。

(4)在分蘖作物乳熟期输入"植株密度测量"时,要求按照纸质农气簿-1-1记载的8个测点数据输入,如果乳熟期没重新测定基准密度,"植株密度基准测量"不需重新输入,如果乳熟期重新测定了基准密度,则需要重新输入"植株密度基准测量",然后输入"植株密度测量"。

(5)水稻分蘖期达到普遍期后,进行分蘖动态观测,测定结果在"植株密度测量"模块中录入，发育期填写“分蘖动态”，输入“所含茎数”，由系统分析分蘖盛期和有效分蘖终止期(纸质农气簿-1-1 记录一般是人为经验判定)。

(6)分蘖盛期：观测增量最多的一次为分蘖盛期。

(7)有效分蘖终止期：单位面积有效茎数达到预计成穗数为有效分蘖终止期。系统以稻类抽穗期的有效茎数作为达到预计成穗数的判别界限，当分蘖动态观测值达到或超过预计成穗数时，系统采用两次动态观测值进行线性内插，计算出具体出现的有效分蘖终止日期；当分蘖动态观测值未达到预计成穗数时，系统选择最后一次动态观测日期作为有效分蘖终止期。

(8)植株密度测量需要先在“植株密度基准测量”表中输入某发育期内相对不变的观测参数，如“量取宽度”“量取长度”“所含行距数”和“所含株距数”项目，但应视耕作方式不同，输入相应的项目：

① 条播密植作物。输入“量取宽度”“量取长度”“所含行距数”；如小麦的基准测量，见图 2.11。

地段说明 | 发育期观测 | 植株生长高度测量 | **植株密度基准测量**

	观测日期	发育期	测点	量取宽度	所含行距数	所含株距数	量取长度	1米内行数	观测员	校对员
1			1	6.61	20	32,744	32,744.00			
2			2	6.65	20	32,744	32,744.00			
3			3	6.62	20	32,744	32,744.00			
4			4	6.64	20	32,744	32,744.00			
5	2017-11-06	三叶	5	32,744.00	32,744	32,744	32,744.00	3.02	成兆金	王凤梅
6			6	32,744.00	32,744	32,744	32,744.00			
7			7	32,744.00	32,744	32,744	32,744.00			
8			8	32,744.00	32,744	32,744	32,744.00			
9			合计	26.52	80					

图 2.11　作物植株密度基准测量-条播密植作物录入

② 稀植或穴播(栽)作物。输入“量取宽度”“量取长度”“所含行距数”或“所含株距数”，如玉米的基准测量，见图 2.12。

③ 散播作物。不需输入基准测量；水稻秧田每个测点取 0.04 平方米，测点面积不到 1 平方米，需订正面积，即测定面积的“订正系数”输入“6.25”。

5.产量因素简便测定：小麦的越冬死亡率和玉米的双穗率可以在“产量因素简便测定”里输入。小麦越冬死亡率，在“总和”项目输入死亡百分率(正数)，无死亡时输入“0”，

	地段说明		发育期观测		植株生长高度测量		**植株密度基准测量**			

	观测日期	发育期	测点	量取宽度	所含行距数	所含株距数	量取长度	1米内行数	观测员	校对员
1			1	6.01	10	32,744	32,744.00			
2			2	5.98	10	32,744	32,744.00			
3			3	6.02	10	32,744	32,744.00			
4			4	6.02	10	32,744	32,744.00			
5	2017-07-06	七叶	5	32,744.00	32,744	32,744	32,744.00	1.66	成兆金	王凤梅
6			6	32,744.00	32,744	32,744	32,744.00			
7			7	32,744.00	32,744	32,744	32,744.00			
8			8	32,744.00	32,744	32,744	32,744.00			
9			合计	24.03	40					

图 2.12　作物植株密度基准测量——稀植或穴播(栽)作物录入

"样本数"一律输入"1";玉米双穗率,在"总和"项目输入整数,"样本数"输入"40"。

6.《规范》中的棉花产量因素"伏前桃数""伏桃数"和"秋桃数",应按"伏前桃数""伏桃数"和"秋桃数"记录并输入系统。

7.产量结构分析单项:样本凡需进行逐株(茎)测量和称重的原始数据,均通过"产量结构分析单项"表录入。目前,此项内容不编报,能录入多少可录入多少。

8.产量结构分析:产量结构样本分析计算后的结果,通过"产量结构分析"表录入,其中,分析项目和单位可从该列组合列表中选择输入或键盘输入,而规定的"分析计算步骤"不必输入。农气表-1中产量结构栏的有关项目无单位。如子粒与茎秆比、秃尖比,其单位栏统一规定空白,系统录入时选择"—"录入。

9.农业气象灾害观测:"灾害名称"必须从该列组合列表中选择输入或键盘输入"其他"字样的灾害;发生大范围、严重的灾害时,如出现大面积受灾无法分区统计时,选中"全田受害"项,4个植株受害程度栏目中的"受害""死亡"和"总株数"不必输入;器官受害程度输入数字型的百分比;灾害对产品无明显影响,没有造成减产,则"减产成数"输入"0"。

10.农业气象灾害调查:"灾害名称"必须从该列组合列表中选择输入,或键盘输入"其他"字样的灾害;"作物品种名称"项目从该列组合列表中选择输入,作物的名称、品种与熟性之间用顿号"、"隔开,如"一季稻(常规、籼稻)、中熟";如出现大面积受灾,无法统计受害程度或受灾面积时,"植株受害程度""成灾面积"和"县内成灾面积"等项目选择"全田受害"输入。

(1)农业气象灾害观测与调查。按规范规定,当"灾害类型"评定为"无""轻"或"轻微"时,"减产成数"和"减产趋势估计"可以不填写,系统自动生成"32744",以表示"无",方可进行保存,报表显示为空。

(2)受害期设置成字符型输入,可以填写数字日期,也可以填写间隔日期,如"6.5—6.7"。

(3)"减产趋势估计"按照"无""轻微""轻""中,×"或"重,×"录入,录入时,选择"中,×"然后把"×"改成减产"成数"数字即可,按纸质气簿记录的百分比换算成"成数"填写,如"30％"就折算为"3"。

(4)"植株受害程度"设置成字符型可描述性输入,"器官受害程度"按默认项选择输入。

11.田间工作记载:在"起始日期"和"结束日期"里,如果是在一天内完成某项田间工作,两个单元格可以填写为同一个日期;"项目内容"和"质量"必须从系统提供的组合列表中选择输入。

(1)"项目内容"须按默认的具体项目名称输入,如果默认项没有自己观测记载的项目名称,可按"田间管理"或"其他"输入,做到编报时有编码。

(2)"项目内容"选择时,可按照"项目内容"所列内容最后的名称选择,如"田间管理-打除草剂"的"田间管理"为编码分类,报文编报、报表输出只按照"打除草剂"来进行。所以,农气簿-1-1记载内容也应该是"打除草剂",与其一致。

(3)田间管理的灌溉时间,按规范要求需要填写"上午""下午"等字样,在软件中无法实现,可在"方法、工具和数量"里体现,比如"上午,电力抽水……"。

12.植株叶面积测定:单株超过 20 叶时,输入前 20 叶并保存后,再新增输入剩余叶的观测数据。若采用叶面积仪测量直接得出的单叶面积时,直接在"面积"栏下输入测量值,"叶长""叶宽"为空;若同时输入"叶长""叶宽"和"面积"项目内容,系统以"面积"栏内容优先,不再计算长、宽形成的面积。

13.植株叶面积分析:扫描页面积结果的,需转换为单株叶面积值后,直接按 1 株、1 叶的面积测量值输入,取一位小数,"叶长""叶宽"栏为空。

14.计算 1 平方米分器官或株(茎)的含水率(％)、1 平方米分器官、总干重的生长率,均取 1 位小数;样本总重的分器官鲜、干重取 3 位小数;株(茎)鲜、干重计算取 3 位小数;1 平方米鲜、干重取 1 位小数。小数四舍五入。输入干物质重量时,必须已完成输入同发育期的密度测量值,且按测定时间前后顺序输入干物质重量测定值。首次进行干物质测量,不分析计算生长率,值为"32744"。

15.农业气象条件鉴定:

(1)"分析日期"可以填写台站纸质气簿的最后分析日期。

(2)"农业气象条件鉴定"内容可从别处粘贴过来,排版格式不需设置,每条结束后,按"Ctrl＋Enter"组合键换行,文字默认采取居中排列,报表输出时按左对齐输出,如果段首想缩进两个汉字输出,可按每段段首两个汉字的空格输入保存。

(3)"增减产百分率"允许保留 1 位小数输入正数、负数,正数只输数字,不输符号;负数需输符号和数字;报表按"正数(如:＋5)""负数(如:－5)""＋0""－0"输出,带符号。

(4)"增减产百分率"按照观测簿记载的实际数字录入即可,如果观测簿记载的是"－0",录入系统时可录入[－0.4,－0.1]之间的任意数字,保证报表输出"－0",这是系统的特意设置。

16. 纪要栏:需要作物观测结束后按纸质气簿的备注栏内容整理后填入,最好一栏填写多条内容。

17. 大田生育状况基本情况:表中"大田名称"应与大田生育状况观测调查表的"大田名称"相对应,以保证这两个表单的观测数据的完整性。

(1)在输入大田调查项目时,"大田名称"统一命名,如"上等田""中等田"和"下等田";《规范》中的大田调查的田地生产水平"高""中""低"记录,需与地段说明一致,均按"上""中""下"记录并输入系统;高度、密度、产量因素等仅输入观测项目的分析结果,不需输入分析过程。

(2)收获后,地段单产还未获得前,允许输入并保存相关信息,在获得"收获单产"数据后再次进入系统输入时,点击"新增"图标后,系统会自动读入上次输入的相关信息,供其修改、添加、保存。

18. 大田生育状况观测调查:"大田名称"从该列组合列表中选择输入。产量因素的项目也可从该列组合列表中选择输入,表单中预留 10 个记录的位置,一次输入填写不满可以保留空白,超过 10 项时,填写满 10 项保存,再另增一新页输入剩余的项目。

(1)内容可以随时填写保存,"大田名称"按默认的选择。

(2)小麦、水稻等作物进行抽穗发育期大田调查,形成报表时需要显示"有效茎"等信息,这就要求业务员在资料录入时在对应的备注栏填写"有效茎"等,如果不填写,V1.6 以后版本系统也会自动添加该信息,注意校对。如果抽穗期大田调查时,地段的发育期名称没有"抽穗"字样,而是进入了下个发育期,比如"开花始期"或"开花普遍期"等,系统就无法判断是否是抽穗期调查内容,就要求观测员在其对应备注栏必须填写"有效茎",但不能加括号或引号输入,否则报表则不能输出"有效茎"。

(3)录入大田调查资料时,请按照观测簿记载信息顺序录入,以免报表形成错误。

(4)为适用其他田地的调查数据应用,在"大田名称"栏默认选项里增加了"辅助上等田""辅助中等田"和"辅助下等田",但不做报表分析使用。

2.3.4　土壤水分测定数据的录入

1. 观测地段说明

内容可以在年度观测结束前任何时段输入。

2. 土壤水文物理特性

表的测定值直接影响到"土壤水分分析"表单中的各项计算,如果重新测量土壤水文物理特性参数时,必须重新输入新的测定值,其他年度不必再重复输入。

3. 土壤水分测定

(1)发育期从该列组合列表中选择或直接键盘输入,具体发育期选择后还需输入该发育期出现的具体日期,日期外加括号,如"拔节(4.24)",该括号建议使用半角括号,以减少单元格占用空间。

(2)土壤水分观测以两次土壤湿度测定期间为界限(例如"9—18 日"),土壤水分"发育期"栏统一填写两次土壤湿度测定期间出现的作物发育期,如果该期间内出现多个发育期,以最后一个发育期填写,其他发育期填写在"纪要"表。比如 10 月 8 日取土后出现了出苗(10 月 14 日)和三叶(10 月 18 日),10 月 18 日取土日的"发育期"栏则填写"三叶(10.18)","纪要"栏可填写"10.14 小麦出苗"。

(3)有的台站因为土壤冻结,致使某些层次无法测定,只能测定部分深度层次的数据,这样可根据实际情况进行输入和保存。

4. 干土层厚度

常年地下水位小于 2 米时,每次测墒均应观测、记载、输入地下水位的深度;常年地下水位大于 2 米,可在播种时观测记载、输入一次即可;没有作物观测的固定地段,可年初观测记载一次地下水位深度并输入系统。但由于降水偏多,致使播种或其他时间地下水位小于 2 米时,每次测墒也应观测、记载、输入地下水位的深度,直至地下水位稳定恢复大于 2 米为止,并在纸质农气簿-2-1 的备注栏注明,并录入系统"纪要"表。

5. 土壤水分分析

土壤水分分析表的"测定日期"与土壤水分测定表的"测定日期"同步,可以从列表中选择输入,或人工输入。

(1)在土壤水分分析中,作物和固定观测地段要求至少 3 个重复,加密观测地段至少 2 个重复,其他的观测地段要求 1 个以上重复。观测层次数量不限,但一般要求连续观测。

(2)如果上次测墒后至本次测墒前进行了灌溉,"是否灌溉"复选框选择打勾(√)。

6. 降水或灌溉与渗透

旬内若出现多次渗透记录,逐次录入;旬内若出现多次灌溉记录,也可以依次录入,也可合计后一次录入。

(1)降水。连续降水过程日期用"—"连接,不同降水过程日期用顿号"、"隔开,如"6.29—7.1、4、6";微量降水 0.0 视为无效降水,不做统计。

(2)灌溉。填写两次土壤湿度测定期间的灌溉的合计量及灌溉过程日期。其中,灌溉量不详时,灌溉量输入"32744",灌溉日期仍需填写,年观测记录报表"灌溉量"栏以"≈量不详"输出。

(3)在系统录入时,不输入降水符号"·"或灌溉符号"≈",年观测记录报表自动生成相应的降水、灌溉符号,直接输入降水、灌溉量和过程日期。

7. 土壤冻结、解冻

冻结、解冻日期以"2018-01-10"格式录入。

（1）越冬作物观测地段：

① 按土壤解冻、冻结实际发生的时间，填写在本年度的记录簿中，包括土壤解冻发生在年秋、冬季（1月1日前）或土壤冻结发生在冬、春季（12月31日后）的特例。

② 无发生土壤冻结、解冻现象的，无需输入系统。

（2）其他的观测地段：

① 观测周期。包括非越冬作物的其他观测地段，观测周期为1月1日至12月31日。

② 正常年景。正常情况下，冻结时间为当年秋、冬季，本站出现的开始冻结时间，填写在"出现日期"栏；解冻时间为当年冬、春季，本站第一次出现的开始解冻时间，填写在"出现日期"栏。

（3）特例情况：

① 土壤解冻发生在当年秋、冬季（下一年的1月1日前），本年度的记录簿无需输入本次解冻信息，将出现时间填写在下一年度观测记录簿的土壤解冻栏中。

② 土壤冻结未发生在秋、冬季，而发生在冬、春季（本年的12月31日后，如2013年1月6日），本年度2012年记录簿不填写当年冻结栏信息，其出现时间填写在下一年度记录簿的冻结栏中。

（4）无现象发生：没有发生土壤冻结、解冻现象的，无需输入系统。

2.3.5 自然物候观测数据的录入

1. 自然物候观测涉及的观测日期均使用"年月日（YYYY-MM-DD）"格式输入，原观测簿上的"月.日"必须转换，补充年代部分。

2. 木本植物物候现象未出现时，"出现日期"栏空白，"备注"栏中填写备注信息，如"未出现""宿存""未脱落""干枯未落""黄落"等内容。如果出现在第二年，则在第二年的同一物候期出现时一起填写，在相应的"备注"栏填写出现时间与年代，如"1.20（2010）"。

3. 树种名称及树种学名需按照系统默认的名称选取，不可修改。

4. 草本植物物候现象未出现时，"出现日期"栏空白，"备注"栏中填写备注信息，如"未出现""未脱落"等内容。

5. 候鸟昆虫两栖类动物物候观测：某动物物候未出现的，"出现征状日期"栏目空白，"备注"栏填写"未出现"。

6. 气象水文现象分项观测记录日常观测到的气象水文现象出现的时间（如雷声、闪电、虹等）；气象水文现象观测记录气象水文开始或终止出现的时间。

7. 年度内物候期出现两个的，年初（先）出现的日期填写在"出现日期"栏目，年终（后）出现的日期以"月.日"形式填写在对应的"备注"栏里。如果初次积雪未出现在冬季，而出现在第二年的春季，当年的初次积雪出现时间不填写，备注栏填写"未出现"（纸质的农气簿-3中当年的初次积雪栏填写"未出现"），第二年雪的"开始融化"栏填写出现的日期或空白，初次积雪填写在雪"开始融化"的备注栏中，如"1.4（初次积雪）"。

8. 若春季的霜、雪终日未出现,将上一年的终日日期填入当年系统的"终日"栏,其备注栏填写出现的上年年份,如"(2009)"(纸质的农气簿-3 中当年的终日栏填写,如"12.25(2009)");如秋季未出现初日而出现在第二年的春季,当年"初日"栏填写"未出现",第二年的"终日"栏正常填写出现的日期,初日填写在"终日"的备注栏中,如"2.2(初日)"。

9. 按照《规范》有的木本植物名称需注明雌雄符号,可在"系统管理"模块的"植物动物名称"里进行修改,添加"♀"或"♂"符号,该符号可从 word 文档或其他地方复制过来。保存后,"植物地理环境"即可自动关联过来。

10. 物候分析:内容分段使用"Ctrl＋Enter"组合键换行。

11. 重要事项记载:内容可等年度观测结束后整理写入,也可以从别的文本文件中粘贴过来,内容分段用"Ctrl＋Enter"组合键换行,其内容为农气簿-3 备注栏内主要内容,包括动植物、气象水文现象未出现时在备注栏的备注信息、观测地段变化情况、发生的重大自然灾害情况等内容。"分析日期"可以为年度观测结束后至报表出门前的任意时间。

2.3.6　畜牧观测数据的录入

1. 牧草发育期观测:若牧草未进入下个发育期,"发育期"栏选择"未"项,其 4 个测点进入发育期的株(茎)数可不填写或输入缺省值"32744";若牧草已进入普遍期的,选择"是否已进入普遍期"栏的选项为"是(√)",4 个测点进入发育期的株(茎)数自动填写"32744",发育进程百分率按"80%"计算。

2. 牧草生长高度测量:若测区某株、某小区或方位未有测量值时,可以不填写(空白),系统自动统计 10 株牧草的有效测量高度的合计、总和和平均值。

3. 草层高度测量:草层类型含"高草层"和"低草层",分两次输入。观测场地的测量包括 5 个测点、4 个测区共 40 个测区的草层高度,测区无测量值可以空白。系统自动统计观测场地和放牧的草层高度的合计和平均值。

4. 灌木、半灌木产量测量时,必需先输入同期的灌木、半灌木密度测量值,方可计算公顷产量。

2.4　数据服务

2.4.1　Z 文件制作

1. 文件类型

农业气象观测站上传的数据文件(简称 Z 文件)是农业气象观测站录入测报系统形成的实时数据文件和年度数据文件,包括作物要素数据文件、土壤水分要素数据文件、自然物候要素数据文件、畜牧要素数据文件和灾害要素数据文件共五大类(详见附录 B)。

2. 编报方式

系统里 Z 文件生成界面如图 2.13 所示。

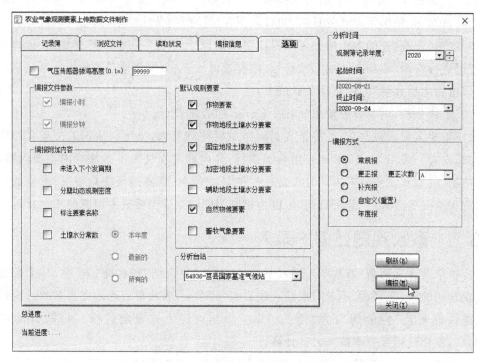

图 2.13　Z 文件生成对话窗——选项

（1）常规编报

系统默认的编报方式（"其他编报"内容不选择），属日常业务使用模式。系统分析与处理自上一次编报以后到当前编报日的新观测数据，形成新的数据文件。

（2）编制更正报

发报后发现观测数据错误而重新输入（修正）观测数据，系统重新分析、处理上次发报期间的已发数据，不包括期间新补充的数据。更正次数从 A 到 Z 编码，对应于 1 至 26 次。

（3）编制补充报

发报后发现期间漏输入观测数据而补充输入观测数据，系统重新分析、处理上次发报期间新补充的未发数据，不包括期间已发的数据，与更正报互补。

（4）编制年度报

编制本站年度内所有观测内容的数据文件，包括作物、土壤水分、自然物候、畜牧气象和灾害五种文件。若因修改、补充完善资料发生多次编制时，使用最新生成的年度数据文件。系统自动给定"起始时间""终止时间"范围，不须调整。

（5）重置编报

属自定义时间模式，重新编发任何时段观测数据的报文，包括已编发或未发报的数据。在"起始时间"栏下选择重新编报开始日期,在"终止时间"栏下选择重新编报终止日期。

3. 选项说明

(1)"起始时间""终止时间":

① 当选择"重置"时,无论观测数据是否已经读取,系统将重新读取指定时段内的观测数据,形成新的 Z 文件。

② 当选择"编制更正报"时,分析时间栏下的有关选项无效,系统将读取上一次指定时段内已读取过的观测数据,该时段内新增的观测数据不会被读取。

(2)"观测簿记录年度"栏,选择分析的年份(年度),"记录簿"页面中的内容随之变化。

(3)"簿记录"页面,可根据业务需要,选择一个或几个记录簿分析,然后点击"编报(M)"按钮,开始制作 Z 文件。

(4)"选项"页面,在"簿记录"列表中自动选上相应要素的项目。需要修改传输要素时,先选中"修改规定上传要素"项目,再点击"规定上传要素"栏下的相应要素,包括作物、不同观测地段的土壤水分要素、自然物候和畜牧。

① "编报小时""编报分种"。默认的上传文件中的时间编报到年月日,因制作、传输频繁时,可以扩展到小时或分钟。如果不选择"小时""分钟",则一天内只能编报一次报文,如果同日再次输入了资料进行编报时则会提示覆盖上次的报文。所以建议选择"编报小时""编报分钟"选项。

② "零编报"。无观测内容时,仍然生成编报文件,只包含报头和结束符。这种报文主要是针对省(区、市)气象局监控用的,如果中国气象局或省(区、市)气象局没有特殊要求,此报文不必编制。

③ "编报未进入下个发育期"。当作物未进入下个发育期时,发育期输入"未",若规定不需发报上传时,可以不选此项(不打勾)。因考核办法给了"未"编报基数,建议选择编报。

④ "编制补充报"。以给定的时间范围,重新分析、处理期间新补充的的未发报数据,不包括期间已发的数据。自然物候现象的终止、终鸣时间可用"编制补充报"调整起始时间和终止时间来编报。

⑤ "编报土壤水文常数"。土壤水分常数不必每次传输,但台站首次启用本测报系统或土壤水分常数改变而重新测量时传输。

⑥ 有本站的气压传感器海拔高度的,可修改该内容,默认无编为"99999"。

⑦ "默认上传要素"。辅助默认选择"记录簿"中该类要素的记录信息。

⑧ "默认台站"。对于存在多个台站观测记录的,可选当前分析处理的台站。系统自动分析"默认台站"的记录。

(5)"编报信息"页面:提供编制 Z 文件过程中详细信息,包括发生不明的项目(名称)

及采用的编码。如系统提示存在不明的项目和编码,应该核查内容,及时修正资料,并重新编制报文。

2.4.2　C文件制作

1. 作物生育状况观测记录年报表选项说明(图 2.14)

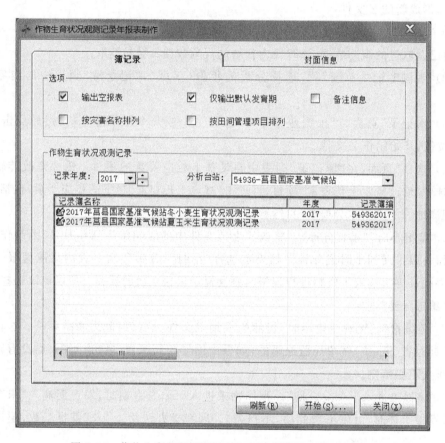

图 2.14　作物生育状况观测记录年报表制作——簿记录选项

(1)"输出空报表"选项,分表无观测内容仍然输出分报表文件,建议勾选。

(2)"仅输出默认发育期"选项,仅输出规范默认的发育期,否则输出实际记录的发育期,建议勾选。

(3)"备注信息"选项,整理、输出相关观测项目的备注信息,建议不勾选。

(4)"按灾害名称排列"选项,按灾害名称排序输出,否则按灾害发生时间排序,建议不勾选。

(5)"按田间管理项目排列"选项,按田间管理项目名称排序输出,否则按田间管理项目发生时间排序,建议不勾选。

注意:麦类"越冬开始"发育期名称,"冬小麦""大麦"默认输出,其他品种屏蔽输出。

2. 土壤水分观测记录年报表选项说明(图 2. 15)

图 2.15　土壤水分观测记录年报表制作——簿记录选项

(1)"输出空报表"选项,分表无观测内容仍然输出分报表文件,建议勾选。

(2)"输出备注"选项,整理、输出相关观测项目的备注信息,建议不勾选。

(3)"输出微量降水日期"选项,为新疆等地降水异常稀少,有特殊规定设置,建议不勾选。

3. 自然物候观测记录年报表选项说明(图 2. 16)

(1)"输出空报表"选项,分表无观测内容仍然输出分报表文件,建议勾选。

(2)"匹配植物地理环境"选项,木本、草本植物物候表中的植物必须与植物地理环境表的观测信息一致,否则不整理、输出,建议勾选。

4. 畜牧气象观测记录年报表选项说明(图 2. 17)

(1)"输出空报表"选项,分表无观测内容仍然输出分报表文件,建议勾选。

(2)"按灾害名称排列"选项,建议不勾选。

图 2.16　自然物候观测记录年报表制作——簿记录选项

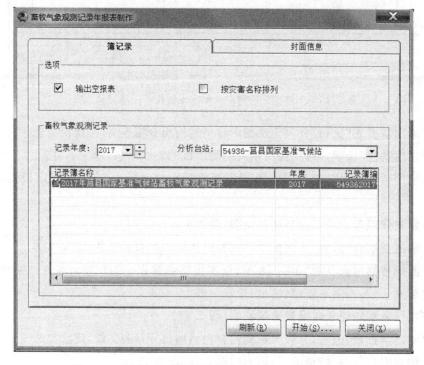

图 2.17　畜牧气象观测记录年报表制作——簿记录选项

2.4.3　N 文件制作

1. N 文件格式转换

（1）选择"报表审核"系统菜单"报表"下的"N 文件格式转换"项或工具条上的"报表转换"图标按钮，显示"观测记录年报表格式转换"对话窗，见图 2.18。

图 2.18　报表格式转换

（2）分别选择分析的年度、台站观测项目等信息，点击"转换"按钮，开始进行 C 文件到 N 文件转换，见图 2.19。

2. N 文件合成

（1）选择系统菜单"报表"下的"N 文件合成"项或工具条上的"N 文件合成"图标按钮，显示"N 文件合成"对话窗，见图 2.20。

（2）选择分析的年度、台站年报表文件等信息，点击"合成"按钮，开始进行 N 文件合成，见图 2.21。

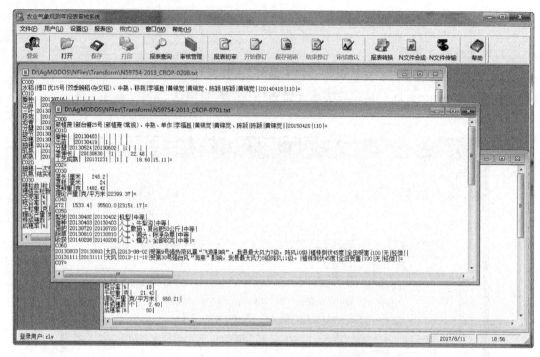

图 2.19　观测记录年报表格式转换结果

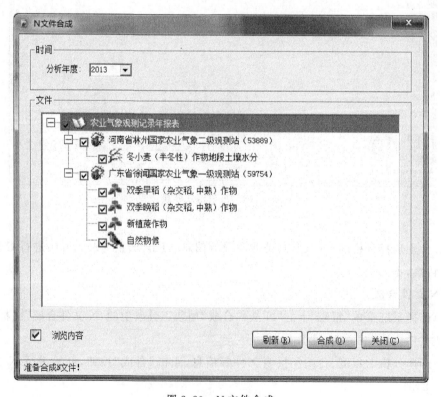

图 2.20　N文件合成

图 2.21　N 文件合成结果

2.5　基数统计

农业气象测报基数统计软件（AgMOBase）用于台站（包含个人）年度开展农业气象观测业务和使用测报软件操作的基数统计分析报告，作为开展农业气象测报业务质量考核依据。

1.如果需要修改统计的基数，打开报表，点击报表需要修改的单元格，然后选择"格式"的"取消锁定单元格"，修改后，选择"锁定单元格"，对修改的基数报表进行保存，见图2.22、图 2.23 和图 2.24。

2.对基数统计表可"导出"，保存为 Excel、CSV、HTML、PDF 文件格式文件。

3.可选择系统菜单"报表"下的"打印"或"打印预览"项目，设置打印机属性，调整页边距，进行打印。

4.初始化。用于清除观测、软件操作基数分析和统计结果。为了消除残留的分析结论，需要清除早期分析的基数信息。清除的内容包括软件基数分析、基数统计数据，以及观测基数分析与统计基数，可以指定年度或清除所有数据库中的分析结果，见图 2.25。

5.基数统计要求：

（1）首先必须建立各观测员自己的用户名，每次 AgMODOS 系统操作用自己的用户名登录操作。

（2）先进行基数分析，再进行基数统计。

图 2.22　观测基数修改界面——取消单元格锁定

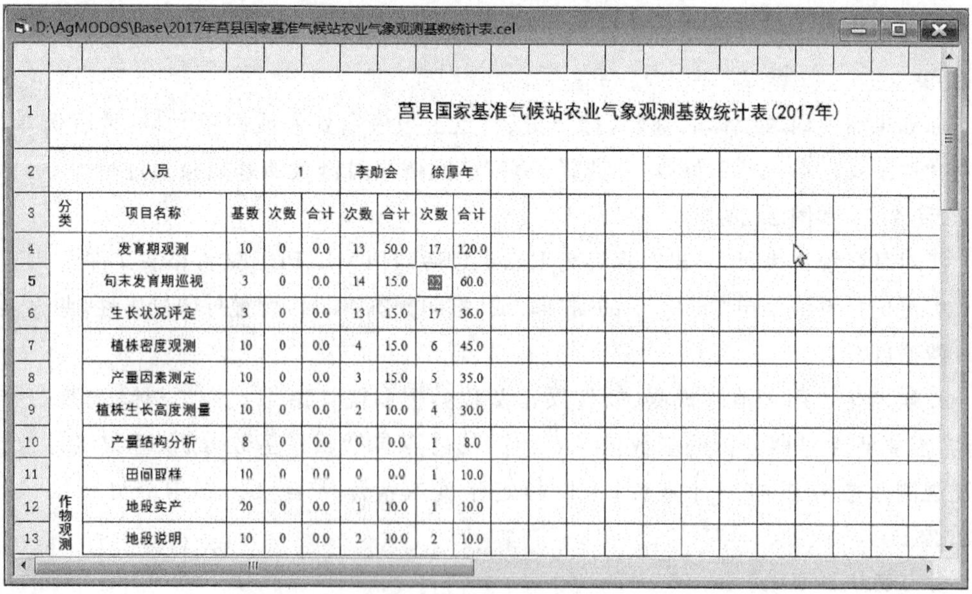

图 2.23　观测基数修改界面——单元格数据修改

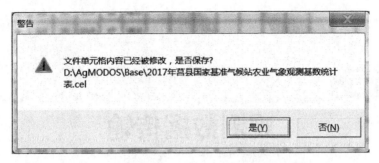

图 2.24　观测基数修改界面——单元格数据保存

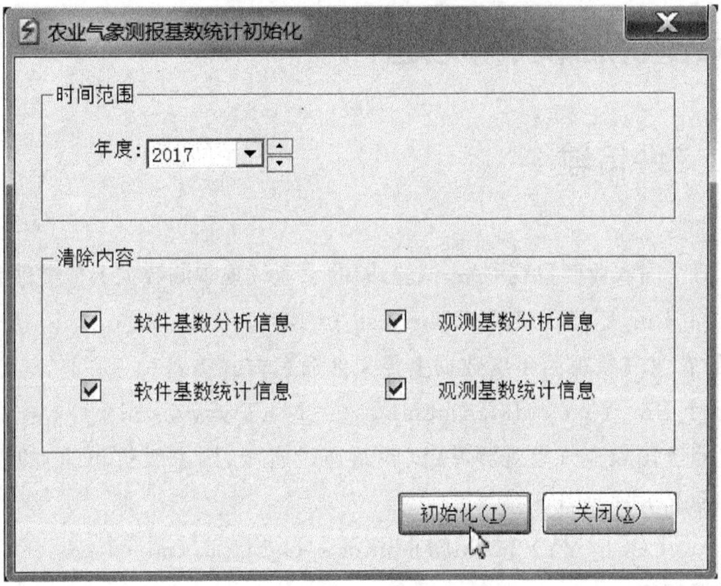

图 2.25　基数统计初始化界面

第3章

观测数据传输

3.1 台站数据传输规定

3.1.1 Z文件传输

1. Z文件命名

（1）单站（即全国农业气象观测站、试验站）的农业气象观测数据上传文件命名方式为：

Z_AGME_I_IIiii_YYYYMMDDhhmmss_O_MAT. xml

（2）单站的农业气象观测年度数据上传文件命名方式为：

Z_AGME_I_IIiii_YYYYMMDDhhmmss_O_MAT-yyyy. xml

（3）多站（即全国农业气象观测站、试验站通过省级、国家级打包的）的农业气象观测数据上传文件命名方式为：

Z_AGME_C_CCCC_YYYYMMDDhhmmss_O_MAT. xml

2. 上传时间规定

（1）实时文件上传时间

各类实时农业气象观测数据文件的上传时间按表3.1规定执行；当日未形成农业气象观测数据，次日无需上传。

表 3.1　农业气象观测数据文件上传时间规定

文件类型	上传时间	说明
作物要素数据文件	每日北京时10时前上传前一日形成的作物生长发育观测数据	更正报必须在原有报文规定上传时间2天内上传
土壤水分要素数据文件	每日北京时10时前上传前一日形成的土壤水分观测数据	更正报必须在原有报文规定上传时间2天内上传
自然物候要素数据文件	每周一北京时10时前上传上一周形成的自然物候观测数据	更正报必须在原有报文规定上传时间2天内上传
畜牧要素数据文件	每日北京时10时前上传前一日形成的畜牧气象观测数据	更正报必须在原有报文规定上传时间2天内上传

续表

文件类型	上传时间	说明
灾害要素数据文件	每日北京时 15 时前上传当日 00—12 时前形成的灾害观测数据；次日北京时 10 时前上传前一日 12—24 时形成的灾害观测数据	更正报必须当日上传

注意：在正常传输时效内更正传输文件不算错情。

（2）年度文件上传时间

每年 5 月 31 日前，上传上一年度的各类农业气象观测年记录数据文件。

3. Z 文件上传操作

（1）参数配置

首次使用须更新本地消息服务参数，可通过勾选"编辑"和"自获取参数（A）"，获取系统统一配置的服务器 IP 地址、端口、用户名、密码、编报中心、发送者以及监视路径，然后点击"保存配置参数（S）"按钮，对修改的参数配置进行保存。

（2）连接服务器

点击"启动消息服务（S）"按钮，启动 java 消息服务客户端软件，服务器连接成功后，"启动消息服务（S）"按钮灰显，状态栏显示"消息传输服务已启动！""获取消息传输服务参数正常！"等信息，见图 3.1。

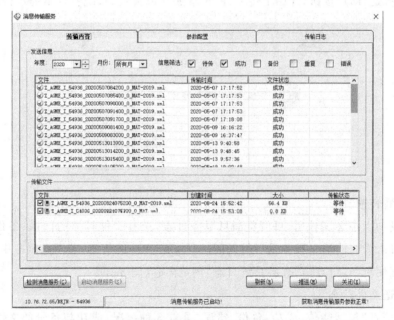

图 3.1 Z 文件传输对话窗——连接消息传输服务器

（3）选择上传文件

在"传输文件"列表框中选择将要上传的文件（图3.2）。

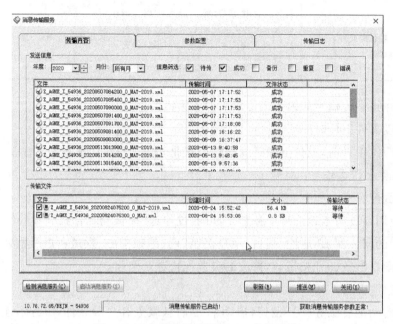

图3.2 Z文件传输对话窗——传输内容

（4）传输文件

点击"推送（M）"按钮，开始上传文件，传输成功或失败，系统将发出提示警示：

（5）查看传输日志

系统成功上传Z文件后，可阅览消息服务日志，查看文件具体的回执、备份等处理信息。系统日志为当前消息服务端运行期间处理xml文件的信息，若消息服务中断或重启，其日志信息便更新，可点击"查看系统日志"浏览内容（图3.3）。

（6）发送文件状态

"发送信息"包括待传、成功、备份、错误、重复5种情况：成功与备份的文件信息应一致，表明已经上传；待传文件为等待消息服务端软件提取，未发送到服务器。

图 3.3　Z 文件传输对话窗——传输日志

"传输文件"有等待、发送中、回执、超时 4 种状态：超时说明在系统设置的等待时间内未被接收，系统将继续等待消息服务处理，操作员可以在"发送信息"栏下查看文件的传输情况。

3.1.2　C 文件传输

1. C 文件命名规定

（1）农业气象观测站、试验站的农业气象观测记录年报表文件命名方式为：

CIIiii-YYYY_PPPP-BBBB-b. cel

（2）本台站生成的作物、土壤水分、自然物候和畜牧气象观测记录年报表文件命名规则如表 3.2 所示。

表 3.2　农业气象观测记录年报表文件命名

文件类型	文件命名
作物要素年报表文件	CIIiii-YYYY_CROP-BBBB-b. cel
土壤水分要素年报表文件	CIIiii-YYYY_SOIL-BBBB-b. cel
自然物候要素年报表文件	CIIiii-YYYY_PHENO-BBBB-b. cel
畜牧气象要素年报表文件	CIIiii-YYYY_GRASS-BBBB-b. cel

（3）各农业气象观测站、试验站上传省级的作物、土壤水分、自然物候和畜牧气象观测记录年报表打包文件命名方式为：

Z_AGME_I_IIiii_YYYYMMDDhhmmss_O_ANR[-CCx]. zip

2. C 文件上传时间

根据本省规定传输时间上传,但必须在中国气象局要求的省级规定上传时间前。

3. C 文件上传操作

（1）连接服务器

点击"连接(L)"按钮,等待系统提示"与主机通讯成功"信息,服务器连接成功后,"连接"按钮灰显,状态栏显示两路 FTP 的连接状态(同 Z 文件传输方法)。

（2）选择上传文件

C 文件以年度压缩包方式打包、上传。选择分析记录的年度,在文件列表框中选择将要压缩、上传的 C 文件;若勾选"重读已上传文件",系统检索 C 文件路径指向已上传的 C 文件备份目录。点击"添加(A)"按钮,把要上传的文件添加到下面的上传文件列表中(图 3.4)。

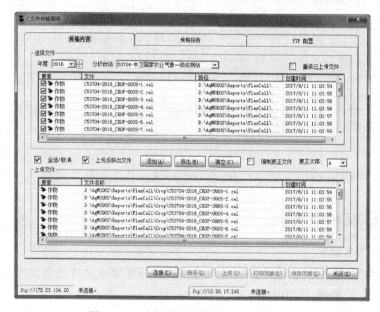

图 3.4　C 文件传输对话窗——传输内容

如果发现已传输的 C 文件有误,请勾选"编制更正文件",对有误的 C 文件进行编发更正报,编制附加后缀"-AAx"的压缩文件,然后点击"上传(U)"按钮。

(3)查阅传输报告

C 文件传输成功后,提示传输的详细信息,可保存或打印输出传输凭据(图 3.5)。

图 3.5　C 文件传输对话窗——传输报告

3.2　省级数据 N 文件传输规定

3.2.1　N 文件介绍

1. 文件命名

(1)N 文件是农业气象观测记录年报数据文件的简称,由省级审核部门对 C 文件审核后转换而成的逐年记录作物生育状况观测、土壤水分观测、自然物候观测、畜牧气象观测的报表。

(2)文件名为 NIIiii-YYYY.txt。文件名中字符含义见表 3.3。

表 3.3　文件名字符含义

字符	含义
N	固定字符,表示文件类别为农业气象观测记录年报数据
IIiii	区站号
YYYY	观测截止年份
txt	固定字符,表示文件为文本文件

2. 文件内容

（1）台站参数

台站参数由区站号、经度、纬度、海拔高度、观测截止年份、观测时制共六组数据组成。各组数据规定如下：

① 区站号（IIiii），由 5 位数字组成，前 2 位为区号，后 3 位为站号。

② 经度（LLLLLL），由 5 位数字加 1 位字母组成，1—3 位为度，4—5 位为分，位数不足，高位补"0"。最后 1 位"E""W"分别表示东、西经。

③ 纬度（QQQQQ），由 4 位数字加 1 位字母组成，前 4 位为纬度，其中 1—2 位为度，3—4 位为分，位数不足，高位补"0"。最后 1 位"S""N"分别表示南、北纬。

④ 观测场海拔高度（HHHHHH），由 6 位数字组成，第 1 位为海拔高度参数，实测为"0"，约测为"1"。后 5 位为海拔高度，单位为 0.1m，位数不足，高位补"0"。若测站位于海平面以下，则第 2 位为"-"。

⑤ 观测截止年份（YYYY），由 4 位数字组成。

⑥ 观测时制，由 2 或 3 位字母组成，"BT"代表北京时，"GMT"代表世界时。

（2）年报数据

年报数据应严格按照作物生育状况观测记录、土壤水分观测记录、自然物候观测记录、畜牧气象观测记录四类年报数据顺序排列。数据块标识符（块标识符）为该数据块的第一条记录，数据段标识符（段标识符）为该数据段的第一条记录。各年报数据标识符对照表见表 3.4。

表 3.4 标识符对照表

数据块名称	块标识符	段标识符
作物生育状况观测记录年报	Cy	Cnnx
土壤水分观测记录年报	Sy	Snnx
自然物候观测记录年报	Py	Pnnx
畜牧气象观测记录年报	Gy	Gnnx

数据块缺测时，y 取"＝"。

数据块有记录时，块标识符为 Cy、Sy，y 取 A、B、C……Z，表示作物序号；块标识符为 Py、Gy，y 取"0"。

nn 为两位数字，表示数据段序号，如：00、01、02……。

数据段缺测时，x 取"＝"；数据段有记录时，x 取"0"。

（3）附加信息

附加信息由省（自治区、直辖市）名、台站名称、地址、档案号、备注五组数据组成。各组数据规定如下：

① 档案号：由 5 位数字组成。

② 省（自治区、直辖市）名：不定长字符。

③ 台站名称：不定长字符。

④ 地址：台站详细地址，不定长字符。

⑤ 备注：站址变动、观测环境变化及不正常观测记录的处理等信息。

3.2.2 N 文件传输

目前，N 文件采用压缩文件的形式向国家气象信息中心传输，传输要求如表 3.5
所示。

表 3.5 N 文件传输要求

资料名称	简称	文件命名规则	上报频次	上报时间	目前收集服务器地址	目前文件存放全路径
农业气象年报数据文件	N 文件	压缩文件：Z_AGME_C_CCCC_YYYYMM-DDhhmmss_O_ANR.tgz Z：固定代码，表示文件为国内交换的资料 AGME：固定代码，表示农气资料 C：固定代码，指示其后字段编码为编报台字母代号 CCCC：编报中心字母代号，如国家级产品为BABJ，安徽省为 BEHF YYYYMMDDhhmmss，表示文件生成时间"年月日时分秒"（国际时） O：固定代码，表示文件为观测资料 ANR：固定代码，表示文件为气象观测记录年报数据 tgz：固定代码，表示用 tar 打包的 GZIP 压缩文件 解压后文件：NIIiii-YYYY.txt IIiii：5 位台站号 YYYY：观测资料年份	一年一次	次年 9 月 1日至 9 月30 日	10.20.20.24	\space\gpfs00\rdbapp\data_proc\comm_file\national\other\agme\

第4章

观测数据年报表审核

4.1 审核内容

农业气象观测数据报表审核对象为台站通过业务系统制作生成的农业气象观测数据电子报表(C 文件),审核内容包括电子报表文件结构和各表单观测项目。

1. 文件结构检查

包含文件命名格式规范性和文件表单结构的完整性。

2. 表单项目检查

农业气象观测数据报表包括农作物生育状况观测记录报表、土壤水分状况观测记录报表、自然物候观测记录报表和畜牧气象观测记录报表四大类,每类报表又包含不同的表单子类(表 4.1),审核的内容针对各表单中的观测项目。

表 4.1 农业气象观测数据年报表审核项目

观测类型	子类内容	审核项目
作物生育状况	封面	台站信息、作物品种类型、人员等
	作物发育期与产量结构	发育期、植株高度、密度、产量结构、产量因素等
	大田生育状况观测调查	两种生产水平大田规定的发育期、植株高度、密度、产量结构、产量因素等
	观测地段农业气象灾害和病虫害	灾害名称、发生时间、程度等
	农业气象灾害和病虫害调查	灾害名称、发生时间、程度等
	主要田间管理工作	田间管理项目的名称、方法等
	生长量测定	植株叶面积、干鲜重、籽粒含水率、千粒重、灌浆速度
	观测地段说明与农业气象条件鉴定	本站地段说明与当年农业气象条件鉴定分析描述
土壤水分	封面	台站信息、作物品种类型、人员等
	观测地段说明与土壤水分变化评述	本站地段说明与当年土壤水分变化评述描述
	土壤重量含水率	土壤重量含水率、观测日期等
	土壤水分总贮存量	土壤水分总贮存量、观测日期等
	土壤有效水分贮存量	土壤有效水分贮存量、观测日期等

观测类型	子类内容	审核项目
土壤水分	土壤相对湿度	土壤相对湿度、观测日期、作物发育期、地下水位、干土层厚度、渗透、降水、灌溉等
	土壤水文物理特性及其他	土壤水文物理特性、农田冻结解冻、纪要等
自然物候	封面	台站信息、人员等
	主要植株地理环境与物候分析	植株名称、种植年代、地理位置、海拔高度、鉴定单位、重要事项记载、物候分析等
	木本科植物物候期	木本科植物物候期、植物名称等
	草本科植物物候期	草本科植物物候期、植物名称等
	气象水文现象与候鸟物候	气象水文现象、家燕、楼燕、金腰燕、黄鹂、蜜蜂、大杜鹃（布谷鸟）、四声杜鹃、蛙、豆雁等
畜牧气象	封面	台站信息、人员等
	观测地段说明与畜群调查	观测地段、放牧场观测点说明、调查畜群的基本情况等
	牧草发育期	牧草名称、发育期等
	牧草生长高度	牧草名称、生长高度等
	牧草产量测定	牧草名称、测产日期、鲜重、干重、干鲜比、灌丛产量、灌丛密度、主要草种株数等
	草层高度	地段、放牧场、测产日期、测高日期等
	牧草及家畜气象病虫害灾害	灾害名称、起止日期、天气气候情况、受害征状、受害程度（％）、受害程度（等级）、周围受害情况、防御措施及效果等
	家畜膘情调查	家畜膘情调查
	牧事活动与影响评述	牧事活动生产性能记载、天气气候条件对牧草、家畜影响评述等

4.1.1　作物报表审核

1. 报表封面作物名称

水稻、小麦、玉米、棉花、大豆、油菜、马铃薯、高粱、花生、谷子、甘薯等，如果增加了内容，如"冬小麦""春小麦""夏玉米""春花生""秋高粱""春谷子""夏甘薯""一季稻"等，须提出审核意见，进行修改。

2. 品种类型、熟性、栽培方式

（1）小麦

品种：冬性、半冬性、强冬性、春性。类型：无。熟性：无。

① 按规范规定，小麦不记载熟性，有些省份要求小麦记载熟性，如果填写"早熟""中熟""晚熟"等信息，须提出审核意见，进行修改，统一按照没熟性"/"记载。

② "品种类型"按照"冬小麦（冬性）""春小麦"等形式填写。

（2）玉米

品种：常规玉米、杂交玉米。类型：马齿型、半马齿型、硬粒型、甜质型、爆裂型、糯型。熟性：早熟、中熟、晚熟。

① 如果品种介绍有"早中熟""中晚熟"等品种，可偏重取一即可，比如"早中熟"取"中熟"。

②"品种类型"可按照"夏玉米（杂交玉米，半马齿型）""春玉米（杂交玉米、糯型）"等形式填写。

（3）水稻

品种：常规稻、杂交稻。类型：籼稻、粳稻、糯稻。熟性：早熟、中熟、晚熟。

"品种类型"按照"双季早稻（杂交稻，籼稻）""一季稻（常规稻、粳稻）"等形式填写。

（4）棉花

品种：普通棉、长绒棉。类型：无。熟性：早熟、中熟、晚熟。

①"品种类型"按照"棉花（普通棉）""棉花（长绒棉）"等形式填写。

②"陆地棉"统一记为"普通棉"，"海岛棉"统一记为"长绒棉"。

（5）大豆

品种：蔓生型、直立型、半直立型。类型：无。熟性：早熟、中熟、晚熟。

"品种类型"按照"大豆（蔓生型）""大豆（半直立型）"等形式填写。

（6）油菜

品种：荠菜型、白菜型、甘蓝型。类型：无。熟性：早熟、中熟、晚熟。

"品种类型"按照"油菜（荠菜型）""油菜（甘蓝型）""油菜（白菜型）"形式填写。

（7）花生

熟性：早熟、中熟、晚熟。

① 品种、类型可根据实际填写。

②"品种类型"按照"花生"、"春花生（××）"、"秋花生（××）"等形式填写。

（8）高粱

品种：杂交高粱、常规高粱。类型：糯米型。熟性：早熟、中熟、晚熟。

"品种类型"按照"高粱（杂交高粱，糯米型）""高粱（常规高粱，糯米型）"等形式填写。

（9）马铃薯

熟性：早熟、中熟、晚熟。

① 品种、类型可根据实际填写。

②"品种类型"按照"马铃薯"、"马铃薯（××）"等形式填写。

3. 年度

作物报表中作物收获的年份。

4. 台站名称

"××农业气象试验站"或者"××国家基准气候站"或者"××国家一般气象站"或者"××国家基本气象站"或者"××国家一级农业气象观测站"或者"××国家二级农业气

象观测站"或者"××牧业气象试验站"或者"××国家一级牧业气象观测站"或者"××国家二级牧业气象观测站",台站名称应该与本站公章名称一致。

5.档案编号、地址、北纬、东经、观测场海拔高度抄自台站气表-1(农试站如果有自己的业务章,可以除外)。

6.发育期

(1)冬小麦

如果缺少"分蘖""越冬开始""返青"等发育期,须咨询台站,是否漏测。

(2)棉花、谷子、高粱、油菜、芝麻、向日葵等作物

咨询台站,是否记载"收获"或"拔秆",是否在纪要栏注明"收获'或"拔秆"的原因;花生、马铃薯、甘薯、蚕豆等作物是否记载"收获"或"拔秧",是否在纪要栏注明"收获"或"拔秧"的原因。

(3)其他作物

如果缺少"成熟"发育期,须咨询台站,是否漏测,或者记载了"收获",是否在纪要栏注明"收获"的原因,以及作物收获时的成熟度。

7.发育期的填写

(1)某发育盛期、有效分蘖终止期,填入该发育期末期栏,注明"盛期""有效分蘖终止期"。其他正常填写。

(2)如果作物在成熟前收获、拔秆或拔秧,可改记播种到收获、拔秆或拔秧的天数,并在纪要栏注明。

(3)除了"播种",所有作物的其他发育期均须进行生长状况的评定,包括"收获""拔秆"或"拔秧"。即除了"播种"发育期,在表中生长状况的评定栏均须填写"1""2"或"3"。

8.生长高度

大豆在三真叶(定苗)测定,如果定苗不在三真叶,在定苗所处的发育期普遍期栏填写。

9.定苗密度测定填写

(1)如果玉米、高粱定苗不在七叶期,在定苗所处的发育期普遍期填写。

(2)如果棉花定苗不在五真叶期,在定苗所处的发育期普遍期填写。

(3)如果大豆、谷子定苗不在三叶期,在定苗所处的发育期普遍期填写。

(4)如果油菜定苗不在成活期,在定苗所处的发育期普遍期填写。

(5)如果甜菜定苗不在三对真三叶期,在定苗所处的发育期普遍期填写。

10.分蘖作物密度填写

填写总株(茎)数和有效株(茎)数时,如果总株(茎)数和有效株(茎)数同时测定,则填入同一密度栏内,总株(茎)数在上,有效株(茎)数在下,并注明"有效茎数"或"有效株数"。如:

412.27
387.19(有效茎数)

11. 产量因素

(1)如果越冬麦类"返青"的分蘖数少于"越冬开始"的分蘖数,越冬死亡率(%)≥0;也可以从密度上判断,"返青"的茎数少于"越冬开始"的茎数,越冬死亡率(%)≥0。

(2)农气表-1中观测地段产量因素发育期栏,以棉花而言应分别填写"7.15""8.15"和"9.10"。现统一规定为:确认作物所处的具体发育期后,按"现蕾""开花""裂铃""吐絮"名称填写,经判断在所处发育期始期、普遍期或者末期之内的按所处发育期输入,否则一律按下一发育期填写。测定单铃重和果枝数在吐絮盛期时,发育期栏填写"吐絮盛期"。当一个发育期中需观测多次产量因素时,其每个项目上方发育期栏均应填写该发育期名称。

(3)农气表-1中产量结构栏的有关项目无单位。如"籽粒与茎秆比""秃尖比",其单位栏统一规定空白。

12. 产量结构分析按以下分析项目填写

(1)水稻

① 穗粒数(粒)、穗结实粒数(粒)、空壳率(%)、秕谷率(%)、千粒重(克)、理论产量(克/米²)、株成穗数(个)、成穗率(%)、茎秆重(克/米²)、籽粒与茎秆比(无)。

② 如果"理论产量"与"单位面积产量"的差值≥75克/米²(50千克/亩,1亩≈666.67米²),请以后注意。

(2)麦类

① 小穗数(个)、不孕小穗率(%)、穗粒数(粒)、千粒重(克)、理论产量(克/米²)、株成穗数(个)、成穗率(%)、茎秆重(克/米²)、籽粒与茎秆比(无)。

② 如果"小穗数"与产量因素中的"小穗数"差值≥2,小穗数二者差别较大,请以后注意。

③ 如果"穗粒数"与产量因素中的"结实粒数"差值≥2,结实粒数与穗粒数差别较大,请以后注意。

④ 如果"理论产量"与"单位面积产量"的差值≥75克/米²(50千克/亩),理论产量与地段1平方米产量差别较大,请以后注意。

(3)玉米

① 果穗长(厘米)、果穗粗(厘米)、秃尖比(无)、株子粒重(克)、百粒重(克)、理论产量(克/米²)、茎秆重(克/米²)、籽粒与茎秆比(无)。

② 如果"理论产量"与"单位面积产量"的差值≥75克/米²(50千克/亩),理论产量与实际产量地段1平方米产量差别较大,请以后注意。

(4)棉花

① 株铃数(个)、僵烂铃率(%)、未成熟铃率(%)、蕾铃脱落率(%)、株籽棉重(克)、霜前花率(%)、纤维长(毫米)、衣分(%)、籽棉理论产量(克/米²)、棉秆重(克/米²)、籽棉与棉秆比(无)。

② 如果"籽棉理论产量"与"单位面积产量"的差值≥75克/米²(50千克/亩),籽棉理论产量与实际产量地段1平方米产量差别较大,请以后注意。

（5）大豆

① 株荚数（个）、空秕荚率（个）、株结实粒数（粒）、株籽粒重（克）、百粒重（克）、理论产量（克/米²）、茎秆重（克/米²）、籽粒与茎秆比（无）。

② 如果"理论产量"与"单位面积产量"的差值≥75 克/米²（50 千克/亩），理论产量与地段 1 平方米产量差别较大，请以后注意。

（6）油菜

① 株荚果数（个）、株籽粒重（克）、千粒重（克）、理论产量（克/米²）、茎秆重（克/米²）、籽粒与茎秆比（无）。

② 如果"理论产量"与"单位面积产量"的差值≥75 克/米²（50 千克/亩），理论产量与地段 1 平方米产量差别较大，请以后注意。

（7）高粱

① 穗粒重（克）、千粒重（克）、理论产量（克/米²）、茎秆重（克/米²）、籽粒与茎秆比（无）。

② 如果"理论产量"与"单位面积产量"的差值≥75 克/米²（50 千克/亩），理论产量与地段 1 平方米产量差别较大，请以后注意。

（8）谷子

① 空秕率（%）、穗粒重（克）、千粒重（克）、理论产量（克/米²）、茎秆重（克/米²）、籽粒与茎秆比（无）。

② 如果"理论产量"与"单位面积产量"的差值≥75 克/米²（50 千克/亩），理论产量与地段 1 平方米产量差别较大，请以后注意。

（9）马铃薯

① 株薯块重（克）、屑薯率（%）、出干率（%）、理论产量（克/米²）、鲜茎重（克/米²）、薯与茎比（无）。

② 如果"理论产量"与"单位面积产量"的差值≥75 克/米²（50 千克/亩），理论产量与地段 1 平方米产量差别较大，请以后注意。

（10）花生

① 株荚果数（个）、空秕荚率（%）、株荚果重（克）、百粒重（克）、出仁率（%）、荚果理论产量（克/米²）、茎秆重（克/米²）、荚果与茎比（无）。

② 如果"理论产量"与"单位面积产量"的差值≥75 克/米²（50 千克/亩），理论产量与地段 1 平方米产量差别较大，请以后注意。

（11）芝麻

① 株蒴果数（个）、株籽粒重（克）、千粒重（克）、理论产量（克/米²）、茎秆重（克/米²）、籽粒与茎秆比（无）。

② 如果"理论产量"与"单位面积产量"的差值≥30 克/米²（20 千克/亩），理论产量与地段 1 平方米产量差别较大，请以后注意。

(12)向日葵

花盘直径(厘米)、空秕率(%)、株籽粒重(克)、千粒重(克)、理论产量(克/米²)、茎秆重(克/米²)、籽粒与茎秆比(无)。

(13)甘蔗

① 茎长(厘米)、茎粗(毫米)、茎鲜重(克)、理论产量(克/米²)、锤度(%)。

② 如果"理论产量"与"单位面积产量"的差值≥150克/米²(100千克/亩),理论产量与地段1平方米产量差别较大,请以后注意。

(14)甜菜

① 株块根重(克)、理论产量(克/米²)、锤度(%)。

② 如果"理论产量"与"单位面积产量"的差值≥150克/米²(100千克/亩),理论产量与地段1平方米产量差别较大,请以后注意。

(15)烟草

① 株脚叶重(克)、株腰叶重(克)、株顶叶重(克)、株叶片重(克)、理论产量(克/米²)。

② 如果"理论产量"与"单位面积产量"的差值≥45克/米²(30千克/亩),理论产量与地段1平方米产量差别较大,请以后注意。

(16)苎麻

① 工艺长度(厘米)、株纤维重(克)、纤维理论产量(克/米²)、出麻率(%)。

② 如果"理论产量"与"单位面积产量"的差值≥75克/米²(50千克/亩),理论产量与地段1平方米产量差别较大,请以后注意。

(17)黄麻

① 工艺长度(厘米)、株纤维重(克)、纤维理论产量(克/米²)、出麻率(%)。

② 如果"理论产量"与"单位面积产量"的差值≥75克/米²(50千克/亩),理论产量与地段1平方米产量差别较大,请以后注意。

(18)红麻

① 工艺长度(厘米)、株纤维重(克)、纤维理论产量(克/米²)、出麻率(%)。

② 如果"理论产量"与"单位面积产量"的差值≥75克/米²(50千克/亩),理论产量与地段1平方米产量差别较大,请以后注意。

(19)蚕豆

① 株荚数(个)、空秕荚率(个)、株结实粒数(粒)、株籽粒重(克)、百粒重(克)、理论产量(克/米²)、茎秆重(克/米²)、籽粒与茎秆比(无)。

② 如果"理论产量"与"单位面积产量"的差值≥75克/米²(50千克/亩),理论产量与地段1平方米产量差别较大,请以后注意。

13. 播种到成熟期天数(整数)

(1)如果数据>365,请咨询台站:发育期时间超过一年,播种或成熟日期是否正确?

(2)如果没有数据,请咨询台站:"播种到成熟天数"没有数据,请检查发育期参数及资料是否有误？

14. 地段实收面积(一位小数)

(1)如果数据<1000 平方米,请咨询台站:地段面积较小,不太符合地段要求,是否有误？如果无误,请在纪要栏注明原因。

(2)如果没有数据,请咨询台站:地段没有面积数据,是否漏输？

15. 地段总产(一位小数)

如果没有数据,请咨询台站:地段没有产量,是否漏输？确实没有产量,请在纪要栏注明原因。

16. 地段 1 平方米产量(两位小数)

如果没有数据,请咨询台站:地段没有产量,是否漏输总产和面积？确实没有产量,请在纪要栏注明原因。

17. 大田生育状况观测调查

(1)生产水平,输出"上""中"或"下"其中两个生产水平。

① 如果只输出一个,请咨询台站:只输出一个调查地段资料,是否漏输？请检查,否则,请在纪要栏注明原因。

② 如果一个也没输出,请咨询台站:没有调查地段资料,是否漏输？请检查,否则,请在纪要栏注明原因。

③ 如果两个生产水平相同(比如都是"中"),请咨询台站:两个调查地段生产水平不应相同,是否误输？请检查,否则,请在纪要栏注明原因。

(2)产量(一位小数)。

(3)密度,如果分蘖作物(如麦类)同一产量水平调查地段密度值没有"(有效茎)",请咨询台站:"抽穗"普遍期后三天内进行的大田调查密度资料为有效茎数,密度值后应该有"(有效茎)",请改正。

(4)生长状况

① 同一产量水平调查地段生长状况栏均应填写三个评定资料("1""2"或"3")。

② 如果同一产量水平调查地段生长状况栏结果不一致,请咨询台站:同一产量水平调查地段前后生长状况评定不一致,资料是否有误？请校对,如果无误,请在纪要栏注明发生变化的原因。

(5)产量因素

① 如果小麦"分蘖数">10 或"大蘖数">10 或"小穗数">30,请咨询台站:"分蘖数""大蘖数"或"小穗数"数值偏大,资料是否有误？请校对或以后注意观测。

② 如果玉米"茎粗">60 或"果穗长">40 或"果穗粗">10,请咨询台站:"茎粗(毫米)"或"果穗长(厘米)"或"果穗粗(厘米)"数值偏大,资料是否有误？请校对或以后注意观测。

③ 如果水稻"一次枝梗数">20,请咨询台站:"一次枝梗数"数值偏大,资料是否有

误？请校对或以后注意观测。

④ 如果大豆"一次分枝数">2 或"荚果数">50,请咨询台站:"一次分枝数"或"荚果数"数值偏大,资料是否有误？请校对或以后注意观测。

⑤ 如果油菜"一次分枝数">20 或"荚果数">1000,请咨询台站:"一次分枝数"或"荚果数"数值偏大,资料是否有误？请校对或以后注意观测。

18. 大田生育状况基本情况

(1)大田名称

① 对于同一个气簿,如果两个"大田名称"相同(比如都是"中等田"),请咨询台站:两个大田名称不应相同,请改正或注明相同的原因。

② 对于同一个气簿,如果"大田名称"与"生产水平"第一个汉字不相同(比如大田名称是"中等田",生产水平不是"中"而是"上"或"下"),请咨询台站:"大田名称"和"生产水平"不一致,是否误输？请校对,如果无误,请在纪要栏注明生产水平发生改变的原因。

(2)收获日期

如果"收获日期"年代与气簿年代不一致,请咨询台站:"收获日期"与气簿年代应相同,是否有误？请校对。

(3)收获单产

① 如果"生产水平"为"上","收获单产"小于"县平均单产"的110%[(收获单产-县平均单产)/县平均单产×100%<110%],请咨询台站:"收获单产"没达到一类田生产水平,与生产水平"上"不符,是否有误,请校对,如无误？请在纪要栏注明。

② 如果"生产水平"为"下","收获单产"大于"县平均单产"的90%,请咨询台站:"收获单产"高于三类田生产水平,与生产水平"下"不符,是否有误？请校对,如无误,请在纪要栏注明。

③ 如果"生产水平"为"中","收获单产"大于"县平均单产"的110%,请咨询台站:"收获单产"高于二类田生产水平,与生产水平"中"不符,是否有误？请校对,如无误,请在纪要栏注明。

④ 如果"生产水平"为"中","收获单产"小于"县平均单产"的90%,请咨询台站:"收获单产"低于二类田生产水平,与生产水平"中"不符,是否有误？请校对,如无误,请在纪要栏注明。

19. 观测地段农业气象灾害和病虫害

(1)"受害期"用数字表示。

(2)"天气气候情况"内容不要太简单。

(3)"灾前灾后采取的主要措施"可以为"无",不应为空。

(4)"对产量的影响情况"不能为空,应为"无影响"或"轻微"或"轻"或"中×"或"重×"(×为减产"成数"数字,如减产"30%"就折算为"3")。

(5)"地段代表的灾情类型"以"轻""中"或"重"填写。

20. 农业气象灾害和病虫害调查

(1)"受害期"是数字(数字中间可以有"、"或"—")。

(2)"灾害分布在县内哪些主要区、乡"应该有具体乡镇名称。

(3)"灾前灾后采取的主要措施"可以填"无",不能为空。

(4)"灾情综合评定"为"轻""中"或"重"。

(5)"其他损失"可以填"无",不能为空。

(6)"成灾其他原因分析"可以填"无",不能为空。

(7)"资料来源"应该为"××人民政府""××民政局"或"××统计局"。

21. 主要田间管理

(1)项目:如果没有"收获""拔秆"或"拔秧",需在纪要栏注明原因。

(2)质量效果:"优良""中等"或"较差"。

22. 生长量测定

(1)第一次测定生长率空白。

(2)灌浆速度测定。

① 小麦开花后 10 天开始每 5 天需进行灌浆速度测定。

② 水稻乳熟开始每 5 日需进行灌浆速度测定(成熟不测定)。

③ 玉米、棉花、大豆、油菜、蚕豆,目前均不进行灌浆速度测定。

23. 观测地段说明与农业气象条件鉴定

(1)如果"纪要"内容空白,请咨询台站:纪要栏空白,是否遗漏需要备注的内容?

(2)如果"县平均产量"内容空白,请咨询台站:县平均产量是否获得?

24. 与上年比增减产百分率

(1)如果内容空白,请咨询台站:县平均产量是否获得?

(2)如果内容含有"％",提出错误信息:与上年比增减产百分率不带百分号,请改正。

(3)如果内容为"＋0",请咨询台站:与上年比增减产百分率数值应带符号"＋"或"—",数值是"＋0"还是"—0",请校对。

4.1.2　土壤水分报表审核

1. 土壤水分报表的封面信息

作物名称、品种类型、熟性、栽培方式、台站名称、档案编号等与作物生育状况报表的封面填写一致。

(1)作物观测地段地段类型,填写"作物观测地段"。

(2)固定观测地段地段类型,填写"固定观测地段"。

注意:

固定观测地段土壤水分报表的封面信息,输出的是几种作物的综合信息,如作物名称:"小麦、玉米、小麦";"冬小麦(半冬性)、条播、平作,杂交玉米(半马齿型、中熟)、直播、平作,冬小麦(半冬性)、条播、平作"。

2. 土壤重量含水率

(1)作物观测地段的观测日期是以"播种"为开始日,"成熟"为结束日。期间逢 8 必须有记录(灌溉、降水原因无法取土例外)。

① 如果播种日期与逢 8 的日期没超过 2 天,可以用 8 日的资料代替,并在纪要栏注明。如果作物观测地段和固定观测地段不为一个地段,播种日期出现在逢 8 测墒日之后的,播种日正常取土。

② 如果成熟日期与逢 8 的日期没超过 2 天,可以用 8 日的资料代替,并在纪要栏注明。

③ 如果播种日期与逢 8 的日期超过 2 天,播种日应测定土壤湿度。

④ 如果成熟日期与逢 8 的日期超过 2 天,应测定土壤湿度。

⑤ 如果开始与结束日期之间逢 8 日期不全,并且缺测的那个逢 8 与下个逢 8 之间没有加测的日期(如因田间泥泞顺延测墒),请咨询台站:测墒资料不全,缺少××日测墒,资料是否漏测?

(2)固定观测地段的观测日期一般是以开春 0~10 厘米解冻恢复测墒或 1 月 8 日为开始日,0~10 厘米冻结或 12 月 28 日为结束日。期间逢 8 必须有记录(灌溉、降水原因无法取土例外)。

3. 土壤有效水分贮存量

存在负值,负值的绝对值越大,说明干旱程度越大。

4. 土壤相对湿度

(1)如果数值大于 100%,需在纪要栏注明,如:因降水或灌溉该层土壤重量含水率大于田间持水量。

(2)如果数值大于 150%,应考虑土壤田间持水量测定是否偏小。

(3)非干旱地区如果全年数值时常小于 60%,应考虑土壤田间持水量测定是否偏大。

(4)如果数值小于 50%,应考虑这段时间是否有干土层、是否测定土壤渗透深度。

5. 作物发育期

(1)"发育期"栏填写两次土壤湿度测定期间出现的作物发育期,如果该期间内出现多个发育期,以最后一个发育期填写,其他发育期在纪要栏注明。

(2)播种出现在逢 8 前 2 日内,用逢 8 土壤湿度资料代替,"播种"应填写,并在纪要栏注明。

(3)播种出现在逢 8 后 2 日内,用逢 8 土壤湿度资料代替,"播种"应填写在下一测墒的发育期栏内,并在纪要栏注明。如果作物观测地段和固定观测地段不为一个地段,播种日期出现在逢 8 测墒日之后的,播种日正常取土,"播种"填写在测墒当日发育期栏。

(4)成熟出现在逢 8 后 2 日内,用逢 8 土壤湿度资料代替,不填写"成熟",在纪要栏注明。

(5)对报表内出现的发育期进行全生育期完整性检查,包括纪要栏注明的发育期在内,是否遗漏。

6. 地下水位

(1)需填写具体数字,如果台站及观测地段周围地势很高或其他原因,无法观测地下水位,可以填写">2.0",但纪要栏应注明原因。

(2)作物播种时需测定地下水位深度。

(3)纯固定观测地段(不种植作物),常年地下水位大于 2 米的台站,只需年初测墒时测定一次即可。

(4)播种出现在逢 8 前 2 日内,用逢 8 土壤湿度资料代替,本次"地下水位深度"栏应该填写地下水位深度值。

(5)播种出现在逢 8 后 2 日内,用逢 8 土壤湿度资料代替,"地下水位深度"数值应该填写在下个测墒的"地下水位深度"栏。如果作物观测地段和固定观测地段不为一个地段,播种日期出现在逢 8 测墒日之后的,播种日正常取土,播种日正常测定地下水位并填写。

(6)如果是降水原因,地下水位升高,需要每次测墒时进行测定,直至地下水位稳定大于 2.0 米为止。

7. 干土层厚度

(1)如果数值<3.0 厘米,请咨询台站:干土层厚度≥3.0 厘米时才记载,资料是否有误?

(2)如果土壤相对湿度(0~10 厘米)≤30%,干土层厚度对应栏无数值,请咨询台站:该层土壤相对湿度值较小,是否有干土层,资料是否有误?

8. 渗透

(1)如果本旬或上旬"深度"栏有干土层数据,本旬没有渗透数据,请咨询台站:已发生了干土层资料,没有渗透深度记载,资料是否有误?

(2)日期可用"、"连接。

9. 降水

日期用"、"或"—"连接,不能出现","或";"或"空格"。

10. 灌溉

日期用"、"或"—"连接,不能出现","或";"或"空格"。

11. 农田冻结解冻日期

(1)如果"冻结"或"解冻"栏出现"未出现",请咨询台站:该层次出现"未出现",资料是否有误?

(2)如果出现双行资料,请咨询台站:该层次出现双行资料,资料是否有误(特殊情况下允许)?

12. 纪要

如果内容空白，请咨询台站：是否漏输纪要信息？

4.1.3 自然物候报表审核

1. 植株名称

应以中名、学名记载。

2. 种植年代

(1)木本植物的观测树龄应该在开花结实 3 年以上的中龄树。

(2)草本植物观测，因不明是当年生还是多年生，最好按"多年生""当年生"或"多年生或当年生"描述(有的草本植物有种植年代的可记实际种植年代)。

(3)地理位置应描述观测点与大气观测场的方向和距离。

(4)鉴定单位应是"××林业局"等有资质单位。

(5)重要事项记载，抄自农气簿-3 备注栏记载的内容，主要填写与记录有关的重大事项，如气候反常的评述、重大自然灾害的记录、物候观测植株的危害、更换等情况。

3. 气象水文现象与候鸟物候

(1)"家燕""楼燕""金腰燕""黄鹂""蜜蜂"应观测"始见"和"绝见"。

(2)"大杜鹃(布谷鸟)""四声杜鹃""蛙"应观测"始鸣"和"终鸣"。

(3)"豆雁"只观测"始见""绝见"或"始鸣""终鸣"即可，不必"始见""绝见"和"始鸣""终鸣"全部填写。

4.1.4 畜牧气象报表审核

1. 牧草名称

应以中名、学名记载。

2. 牧草及家畜气象病虫害灾害

(1)"起止日期"最好是数字，数字中间可以有"、"或"—"。

(2)"受害程度(等级)"应按"轻""中""重"或"很重"来判定。

(3)"周围受害情况"可以为"无"，不应为空。

(4)"防御措施及效果"可以为"无"，不应为空。

3. 纪要

如果"牧草""家畜"纪要无具体内容，请咨询台站：是否漏记？

4.2 审核方法

农业气象观测电子报表由省一级报表审核员进行审核。审核员使用气象系统业务专用的审核软件(AgMOReview)对年度报表 C 文件进行逐项观测数据进行审核。

1. 报表审核

(1)用户登录

选择系统菜单"用户"下的"登录"项或工具条上的"登录"图标按钮,进入用户"登录"对话窗(图 4.1)。

图 4.1 用户登录

(2)选择审核报表

选择系统菜单"报表"下的"审核-初审"项或工具条上的"报表初审"图标按钮,进入"观测记录年报表审核"对话窗(图 4.2)。

图 4.2 观测记录年报审核

① 在"基本"项目内,设置报表查询的年度以及审核方式(初审:上传、未审核;再审:

经初审、未确认;重审:确认、通过)。

　　② 在"报表"栏目下,选择要审核的台站报表。从作物、土壤水分、自然物候和畜牧气象四类中选择一组报表进行审核。

　　2. 系统审核

　　选择好审核报表项目后,点击"审核(V)"按钮,开始进行审核过程,审核初步结束后,显示报表审核报告窗体(图4.3)。

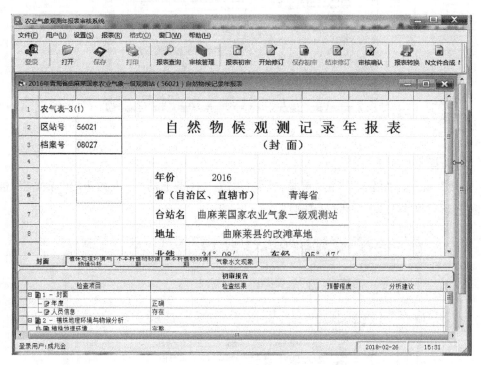

图4.3　报表审核——查阅自然物候封面

　　报表审核报告窗体由上下两部分组成,上部分为年报表各类分报表内容,由书签页面组成,可点击分报表名称栏查看内容;下部分为审核报告明细,按项目分级展开(或缩进)显示,其内容由检查项目、检查结果、预警程度、分析建议和审核处理意见五项组成(图4.4),其中审核处理意见为审核员填写的信息,其他项目由系统给出的审核信息,审核员不能修改。

　　3. 修订报表

　　(1)选择要修订的子报表项目,如"土壤相对湿度"项目。

　　(2)选择系统菜单"报表"下的"审核-开始修订"项或工具条上的"开始修订"图标按钮,内容可编辑。

　　(3)修订项目内容。如需要修改0～10厘米、11月8日的土壤相对湿度值,双击其单元格,修正为正确的数据(图4.5)。

初审报告

检查项目	检查结果	预警程度	分析建议	审核处理意见
└ ☑ 土壤水分变化评述	无内容	错误	补充水分变化评述	
⊟ ☑ 3 - 土壤重量含水率				
├ ☑ 测定次数	少于9次	警告	核查观测时段	
├ ☑ 测定最大深度	有效（50厘米）			
├ ☑ 数据分布	完整			
├ ☑ 数值范围	有效			
└ ☑ 首（末）日期	有效			
⊟ ☑ 4 - 土壤水分总贮存量				
├ ☑ 测定次数	少于9次	警告	核查观测时段	
├ ☑ 测定最大深度	有效（50厘半）			
├ ☑ 数据分布	完整			
├ ☑ 数值范围	有效			
└ ☑ 首（末）日期	有效			
⊟ ☑ 5 - 土壤有效水分贮存量				
├ ☑ 测定次数	少于9次	警告	核查观测时段	
├ ☑ 测定最大深度	有效（50厘米）			
├ ☑ 数据分布	完整			
├ ☑ 数值范围	有效			
└ ☑ 首（末）日期	有效			
⊟ ☑ 6 - 土壤相对湿度				
├ ☑ 测定次数	少于9次	警告	核查观测时段	
├ ☑ 测定最大深度	有效（50厘米）			
├ ☑ 数据分布	完整			
├ ☑ 数值范围	有效			
└ ☑ 首（末）日期	有效			
├ ☑ 发育期	缺少(出苗;三叶;分蘖;越冬开始;返青;起身;拔节;孕穗;抽穗;开花;到熟;	提示	在纪要中注明原因	

图 4.4 报表审核明细列表

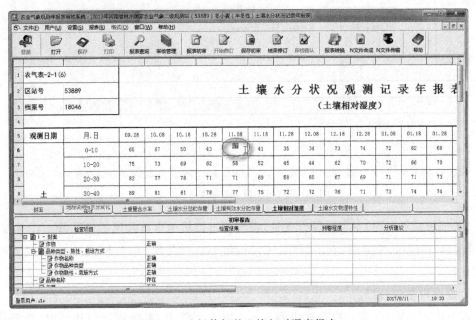

图 4.5 选择修订的土壤相对湿度报表

（4）保存初审。如果确定单表修订结束，选择系统菜单"报表"下的"审核-保存初审"项或工具条上的"保存初审"图标按钮；也可点直接点击"结束修订"图标按钮，系统提示保存修订结果并结束报表修订过程。

（5）修订其他子报表内容。重复步骤（1）—（4），可实现对其他子报表内容的修订及保存。

4. 审核确认

当报表经初审或再审及修订结束后,审核员若初步认可其审核结果,可执行审核确定操作,给出审核综合意见。选择系统菜单"报表"下的"审核-审核确认"项或工具条上的"审核确认"图标按钮,显示"报表审核确认"对话窗(图 4.6)。

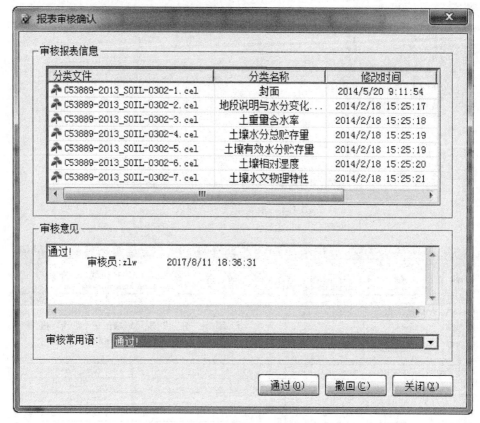

图 4.6 报表审核确认

在"审核意见"栏填写审核综合意见,系统提供简短的审核常用语供选择。若通过,点击"通过(O)"按钮;未通过,点击"撤回(C)"按钮;点击"关闭(X)",取消操作,需要等待再审核流程。

5. 查看审核综合报告

报表审核结束后,审核报告输出到 Excel 报告文件中,系统将记录从初审、再审或重审全过程的审核信息,审核报告文件存放位置为"\AgMODOS\Doc"。

6. 报表审核管理

报表审核管理模块,可以管理年度台站上传、审核、撤回、通过和备份 C 文件的情况。选择"报表"→"报表审核管理"菜单,进入报表审核管理界面(图 4.7)。

(1)选择分析的年度。

(2)在"报表"栏下查阅该年度的报表审核状态。

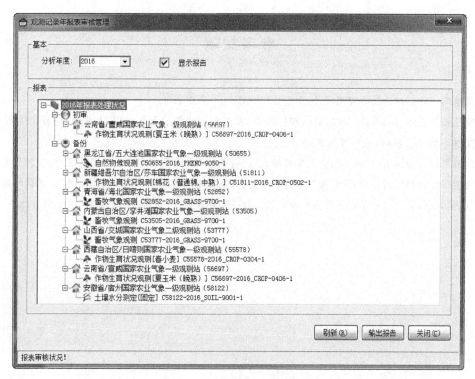

图 4.7　报表审核管理界面

(3)点击"输出报告"按钮,输出台站报表审核状态的详细信息文件(图 4.8)。

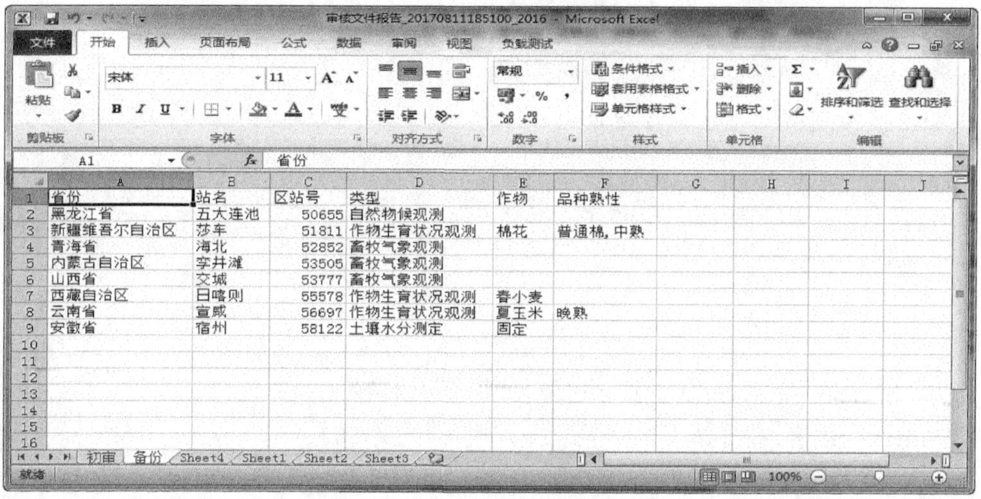

图 4.8　报表审核详细信息报表

注意:无论是从打开报表进行修改还是选择系统菜单"报表"下的"审核-开始修订",
Dbase 数据库原始数据不进行关联修改。因此,报表审核修改后,必须通知台站观测人员
对 Dbase 数据库进行相关修改更新。

参考文献

国家气象局,1993.农业气象观测规范(上卷)[M].北京:气象出版社.

山东省气象局观测与网络处,2009.农气观测规范、发报规定解读手册及酸雨、大气成分、沙尘暴观测业务文件汇编[G].济南:山东省气象局.

中国气象局综合观测司,1997.《农业气象观测规范》有关技术问题解答(第 1 号)[Z].北京:中国气象局.

中国气象局综合观测司,2000.《农业气象观测规范》有关技术问题解答(第 2 号)[Z].北京:中国气象局.

庄立伟,成兆金,等,2018.农业气象测报业务系统软件实用手册(升级版)[M].北京:气象出版社.

关于统一"农业气象测报业务系统（AgMODOS）"与《农业气象观测规范》相关技术规定的说明

（中国气象局综合观测司　国家气象中心　2015 年修订）

为了更好地适应农业气象观测记录电子年报表审核软件的应用，在 2011 年 2 月 22 日中国气象局综合观测司发布的《关于统一"农业气象测报业务系统（AgMODOS）"与《农业气象观测规范》相关技术规定的说明》基础上修订本说明，原有规定与本规定不一致之处以本规定为准。

下文中"农业气象测报业务系统"简称为"系统"，《农业气象观测规范》简称为"《规范》"。

A1　日期界线

农业气象观测的日期以北京时 20 时为日界。目前的人工观测方法仅记录到年、月、日，不计小时、分、秒。

A2　概念（名词）的统一

1.《规范》中的作物生长状况评定"一类""二类""三类"记录，分别以"1""2""3"类评定记录并输入系统。

2.《规范》中的棉花产量因素"伏前桃""伏桃"和"秋桃数"，应按"伏前桃数""伏桃数"和"秋桃数"在纸质农气簿记录并输入系统。

3.《规范》中的大田调查的田地生产水平"高""中""低"记录，需与地段说明一致，均按"上""中""下"在纸质农气簿记录并输入系统。

4.《规范》自然物候分册部分，在纸质农气簿、报表中出现物候名称与正文描述不一致的现象，需要规范统一，其中河流的"完全封冻""开始结冰"和池塘湖泊的"完全冰结"等不再使用，采用表 A.1 规定的水文现象名称记录。

草本植物"黄枯期"的"全枯期"（子期）改为"末期"；木本植物"叶变色期"的"始变""全

变"(子期)分别改为"始期""完全变色期"。表 A.2 为修订后的植物、动物物候名称。

表 A.1 水文现象名称

观测对象	观测的物候期名称				
土壤表面	开始解冻	开始冻结			
池塘	开始解冻	完全解冻	开始冻结	完全冻结	
湖泊	开始解冻	完全解冻	开始冻结	完全冻结	
河流	开始解冻	开始流冰	完全解冻	流冰终止	开始冻结	完全冻结

表 A.2 植物、动物物候名称

木本植物		草本植物		动物(昆虫)
物候期	物候子期	物候期	物候子期	
芽膨大期	花芽	萌芽期		始见
	叶芽	展叶期	始期	绝见/终见
芽开放期	花芽		盛期	始鸣
	叶芽		始期	终鸣
展叶期	始期	开花期	盛期	
	盛期		末期	
花蕾或花序出现期		果实或种子成熟期	始期	
开花期	始期		完全成熟期	
	盛期	果实脱落或种子散落期		
	末期	黄枯期	始期	
第二次开花期			普遍期	
果实或种子成熟期			末期	
果实或种子脱落期	始期			
	末期			
叶变色期	始期			
	完全变色期			
落叶期	始期			
	末期			

5.《规范》中一些观测时期(发育期)不明确,如"移栽(前三天)""七叶(定苗)""三真叶(定苗)""五真叶(定苗)""成活(定苗)""1 月 10 日前 3 天"(越冬作物不停止生长)、棉花的"7 月 16 日""8 月 16 日"等,需确认作物所处的具体发育期后,按《系统》提供的发育期信息输入(经判断在所处发育期始期、普遍期或者末期之内的按所处发育期输入,否则一律按下一发育期输入)。

"定苗"进行植株高度、密度测量的作物发育期,若在作物该发育期的始期、普遍期或者末期(观测末期或自己判断)定苗,填写所处的发育期名称,否则一律填写下一发育期的名称;水稻、油菜等作物需在移栽前三天内测定其生长量,发育期名称统一填写为"移栽",

不再填写"前三天"等字样;"1月10日前3天"(越冬作物不停止生长),发育期名称统一填写为"越冬开始",并在纪要栏注明。

6.某些作物存在"开花盛期""吐絮盛期""分蘖动态"发育期的观测信息,具有特殊性,《系统》可把"开花盛期""吐絮盛期""分蘖动态"作为独立的发育期参数处理,在作物参数表中增加该发育期。

7.农气簿-2-1中土壤水分观测发育期以及降水量和灌溉量的填写以两次土壤湿度测定期间为界限(例如"9—18日"为一旬)。

A3　观测记录、输入方法的统一

1.发育期的观测总株(茎)数输入

《规范》要求"需统计百分率的发育期第一次观测时记载一次",按系统要求,观测发育期期间,每次均输入观测总株(茎)数,纸质农气簿记载亦改为:观测发育期期间,每次均记载观测总株(茎)数。

2.发育期(进程)的输入

未进入下一个发育期(未)、和其他目测发育期,系统以50%表示目测发育期的百分率;分蘖作物计算分蘖百分率时,各测区的"茎数"必须以进入发育期的总茎数与主茎的差值输入。

作物未成熟提前收获或拔秆,纸质农气簿发育期栏记载"收获"、"拔秆"或"拔秧",日期记载收获日期、拔秆日期或拔秧日期,并在"备注"栏注明提前收获的原因和收获时的成熟度,并把"收获"、"拔秆"或"拔秧"及出现日期录入系统,录入前需在系统管理模块的本地观测作物中该观测作物的发育期列表增加"收获"、"拔秆"或"拔秧"。

水稻等记录簿中发育期表记载的"基本苗"等辅助分析数据,不允许在发育期表输入,"基本苗"信息可记在纸质农气簿-1-1的备注栏,并输入系统纪要表。

3.产量因素简便测定的输入

小麦越冬死亡率:在"产量因素简便测定"表中输入小麦越冬死亡率时,若有死亡,在"总和"栏输入死亡百分率,无死亡,则在"总和"栏输入"0","样本数"栏一律输入"1"。

玉米双穗率:在"总和"栏输入具有"有双穗"的果穗株数,"样本数"栏输入实际统计的样本数量(如"40")。

4.产量结构分析的输入

在产量结构分析表中,目前只输入各项分析结果,不需输入分析过程;在产量结构分析单项表中,最多可以输入60个(6×10)样本数据,但个数多少不限。产量结构分析单项内容,能输多少就输多少,不编报不做报表,目前只做资料存储用,以后完善产量结构自动分析时需要详细录入。

农气表-1中产量结构栏的有关项目无单位。如籽粒与茎秆比、秃尖比,其单位栏统一规定空白,系统录入时选择"—"录入。

5. 田间工作记载和输入

田间工作记载的"项目内容"需按照系统默认名称具体录入,纸质农气簿"项目"栏也需按照田间发生的具体工作名称详细记载,不可笼统记载为"田间管理",如果默认列表内没有台站记载的项目名称,可选择"田间管理"或"田间管理(其它)"录入系统。田间管理的灌溉时间,按规范要求纸质农气簿-1-1需要填写上午、下午等字样(如 6.14 上午),系统不单独设置输入栏目,在输入时,可在"方法、工具和数量"栏内输入,比如"上午,电力抽水……"。

6. 农业气象灾害观测的输入

《规范》规定,对农气簿-1-1 同一过程的农业气象灾害或病虫害各点调查内容综合整理填写在一个日期栏内,系统是按照实际调查每种灾情情况输入,其中,"器官受害程度"按照"无"、"整株受害"、"叶占 x"、"茎占 x"等格式输入,其中"x"为数字型的百分比;"减产趋势估计"按照"无影响"、"轻微"、"轻"、"中,x"、"重,x"格式输入,其中"x"为减产成数,把纸质气簿记录的百分比折算成"成数"输入(如:50%为 5 成);"县内各种作物成灾面积""县内各种作物成灾比例"可按照纸质农气簿记录的有关内容输入。

7. 水稻分蘖动态观测的输入

水稻分蘖期达到普遍期后,进行分蘖动态观测,测定结果记录在"植株密度测量"表中,发育期填写"分蘖动态";如果在秧田已分蘖的,其分蘖始期、普遍期可在纸质气簿的备注栏注明,并录入系统纪要表。

8. 大田调查的输入

在大田调查项目栏,"大田名称"规定为"上等田""中等田"或"下等田"三种类型,从列表选项中选取。高度、密度、产量因素等目前仅输入观测项目的分析结果,不需输入分析过程。

9. 县级产量增减百分率的输入

县级产量增减百分率取整数输入,计算的百分率为负值时,带负号(一)输入,如"一5"。但"一0"和"+0"均以"0"输入,报表也只输出"0",不带正负号。

作物收获 3 个月仍未得到县平均产量,可暂输入统计局估计数,形成报表上传,待正式数据出来后再请省局代为修改,如果省局上报中国气象局前仍未收到官方认可数据,可在纪要栏注明该产量为估计数字。

10. 固定观测地段多种作物参数的输入

有些台站的固定观测地段和作物观测地段为同一个观测地段,需输入固定观测地段的多种作物属性信息。创建系统固定观测地段记录簿时,作物属性以当前观测作物为主,其后的观测作物信息可再进行添加、修改。如冬小麦观测后,换成夏玉米观测时,"地段类别"不能更变,但"作物名称"添加"夏玉米",形成如"冬小麦、夏玉米"多种作物的样式,其品种类型、熟性等项目的填写也类似。

11. 土壤水分观测中作物发育期的记载和输入

纸质农气簿-2-1 中土壤水分观测以两次土壤湿度测定期间为界限(例如"9—18日"),土壤水分"发育期"栏统一填写两次土壤湿度测定期间出现的作物发育期,如果该期间内出现多个发育期,以最后一个发育期填写,其他发育期可填写在备注栏。比如 10 月8 日取土后出现了出苗(10.14)和三叶(10.18),那么 10 月 18 日取土日的"发育期"栏则填写"三叶(10.18)",备注栏可填写"10 月 14 日小麦出苗"。录入系统时,发育期栏按照纸质气簿发育期栏记载的发育期名称录入,纸质气簿备注的其它发育期信息输入到系统纪要表。

12. 降水或灌溉的记载和输入

纸质农气簿-2-1 降水与灌溉栏填写两次土壤湿度测定期间的降水、灌溉量。作物观测地段播种当日的"降水、灌溉日期及量"栏空白,如果播种当日测墒后有降水或灌溉,其降水、灌溉量及出现日期填写在备注栏。系统均以合计值输入,备注栏信息输入到纪要表。

降水:《规范》要求纸质农气簿-2-1 填写两次土壤湿度测定期间出现的降水的日合计值及降水过程出现的日期,如 56.5/6.29—7.1、4、6,不同降水过程日期用顿号(、)隔开,连续降水过程用短横杠(—)连接,不使用逗号(,)、分号(;)或空格等。微量降水 0.0 视为无效降水,不做统计。

灌溉:纸质农气簿-2-1 填写两次土壤湿度测定期间的灌溉量及灌溉日期,如果一旬内出现多次灌溉,分次填写灌溉量及灌溉日期。

系统录入时,不输入降水符号"·"或灌溉符号"≈",年观测记录报表自动生成相应的降水、灌溉符号,直接输入降水/灌溉量和过程日期。如果一旬内出现多次灌溉,则填写灌溉的合计量及灌溉过程日期,如 1200/6.21、27。灌溉量不详时,灌溉量输入 32744,灌溉日期仍需填写,年观测记录报表"灌溉量"栏以"≈量不详"输出。

13. 地下水位的记载和输入

常年地下水位小于 2 米时,每次测墒均应观测、记载、输入地下水位的深度;常年地下水位大于 2 米,可在播种时观测记载、输入一次即可,没有作物观测的固定观测地段,可年初观测记载一次地下水位深度并输入系统。但由于降水偏多,致使播种或其他时间地下水位小于 2 米时,每次测墒也应观测、记载、输入地下水位的深度,直至地下水位稳定恢复大于 2 米为止,并在备注栏注明。如果受条件限制,地下水位确实无法测定且常年大于 2米,录入系统时可按">2.0"输入。

14. 土壤冻结与解冻的记载和输入

土壤冻结、解冻日期按照出现时间记载在对应的本年度纸质农气簿-2-1 备注栏内。

系统以"年/月/日"日期格式输入。

(1)越冬作物观测地段:按照实际出现日期输入,无发生土壤冻结、解冻现象的,无需输入系统。

（2）固定观测地段：

观测周期为 1 月 1 日至 12 月 31 日，正常情况下，冻结时间为当年秋、冬季，本站出现的开始冻结时间，填写在"出现日期"栏；解冻时间为当年冬、春季，本站第一次出现的开始解冻时间，填写在"出现日期"栏。

土壤解冻发生在当年秋、冬季（下一年的 1 月 1 日前），本年度的记录簿无需输入本次解冻信息，将出现时间填写在下一年度观测记录簿的土壤解冻栏中。

土壤冻结未发生在秋、冬季，而发生在冬、春季（本年的 12 月 31 日后，如 2013 年 1 月 6 日），本年度记录簿不填写当年冻结栏信息，其出现时间填写在下一年度记录簿的冻结栏中。年报表制作时，与下年度的冻结信息一并按先后出现时间顺序输出。

15. 自然物候现象出现特殊情况的输入

特殊情况下，某些物候现象未在本年度出现，而出现在下年度，系统要求在下个年度的自然物候记录簿中进行记录。

（1）气象水文现象。当年（春季）未出现终日，将上一年的终日输入到当年的终日"出现日期"栏，"备注"栏填写出现年份如"2007"；当年（秋季）未出现初日而出现在第二年（春季），当年的初日"出现日期"栏空白（），"备注"栏填写"未出现"，在第二年（记录簿）填写终日"出现日期"栏时，在其"备注"栏填写初日的日期，并标注"初日"如"1.25（初日）"，"初次积雪"与"开始融化"等参照输入。

（2）木本、草本植物物候现象。某物候现象当年未出现时，"出现日期"栏空白（），"备注"栏中参照《规范》要求，填写如"未出现""宿存""未脱落""干枯未落""未散落"等内容；如果出现在第二年，则在第二年的同一物候期出现时一起填写，在相应的"备注"栏填写出现时间与年代，如"1.20（2010）"。

（3）候鸟、昆虫动物物候现象。当年未出现该物候现象的，自然物候的"候鸟昆虫两栖类动物物候观测"表不输入。

16. 畜牧气象的输入

（1）播种、目测发育期，不需填写小区进入发育期的数量；已进入普遍期的，选择"已进入普遍期"为"是"（打勾），发育期百分率自动设为"80％"。

（2）牧草生长高度测量表，可以输入一年（多年）生的牧草或灌木、半灌木的生长高度。某测区或测量方位无观测值，可以不填写（空白）。

（3）在草层高度测量表中，"高层草"和"低层草"在同张表中输入，必须分两次输入与保存，先后顺序无关。如先输入"高层草"后，再输入"低层草"；若返青期接近月末，测定草层高度时难以分辨高、低草层时，只进行一个草层高度测量，记录填写在"高草层"栏内，"低草层"栏空白，并在备注栏注明，并录入系统纪要栏。

（4）灌木、半灌木产量测量时，必需先输入同期的灌木、半灌木密度测量值，方可计算公顷产量。

17. 纸质气簿和电子报表中小数精度的记载和输出

(1)高度、密度、产量因素、结构分析：

高度、越冬死亡率、不孕小穗率、空壳率、秕谷率、空秕率、空秕荚率、成穗率、屑薯率、出干率、僵烂铃率、未成熟铃率、蕾铃脱落率、霜前花率、出仁率、出麻率、纤维长、衣分、锤度等均取整数记录。

分蘖数、大蘖数、小穗数、结实粒数、穗结实粒数、不孕小穗数、穗粒数、果穗长、果穗粗、双穗率、秃尖长度、地段实收面积、地段总产量、县平均产量平均值、株铃数、株荚数、株荚果数、株蒴果数、果枝数、一次分枝数、荚果数、花盘直径、茎长、工艺长度等均取一位小数记录。

密度、百粒重、千粒重、理论产量、1平方米产量（克）、茎秆重、籽粒与茎秆比、荚果理论产量、株成穗数、秃尖比、穗粒重、株薯块重、鲜蔓重、薯与蔓比、薯与茎比、鲜茎重、茎鲜重、株籽粒重、株荚果重、株结实粒数、籽棉理论产量、籽粒理论产量、株籽棉重、棉秆重、籽棉与棉秆比、荚果与茎秆比、株块根重、株脚叶重、株腰叶重、株顶叶重、株叶片重、株纤维重、纤维理论产量等均取两位小数记录"。

(2)生长量测定：

植株叶面积测定和分析。"叶长""叶宽""叶面积""单株叶面积""单位叶面积""叶面积指数"均保留一位小数。

灌浆速度测定。"鲜重""干重_n 次""含水率""千粒重""灌浆速度"，均取两位小数。

植株干物质重量测定。器官或株（茎）含水率、生长率的计算中，"含水率""生长率""平方米株茎重_鲜重""平方米株茎重_干重"均取一位小数；"样本总重_鲜重""样本总重_干重_n 次""株茎重_鲜重""株茎重_干重"均取三位小数。

(3)自然物候年报表，观测植株地理环境"海拔高度（米）"取一位小数。

(4)畜牧气象观测记录年报表中，观测地段、放牧场观测点说明中"海拔高度差""地段面积"取一位小数；牧草产量测定中"总产"取一位小数。

A4 计算方法的统一

1. 作物发育期百分率的计算

输入观测总株（茎）数和其中进入发育期的株（茎）数，计算百分率，取整数，小数四舍五入。分蘖作物分蘖百分率的计算是先输入观测总株数，再输入分蘖期的观测总茎数与总株数的差值，计算百分率，分蘖百分率大于100%时，仍按实际计算值录入。

$$发育期百分率(\%)=\frac{进入发育期的株(茎)数}{观测总株(茎)数}\times100\%$$

$$分蘖百分率(\%)=\frac{观测总茎数-观测总株数}{观测总株数}\times100\%$$

播种、目测发育期不需输入观测总株（茎）数和进入发育期的株（茎）数，不计算发育期百分率，系统以50%计算录入。

2. 器官或株(茎)含水率、生长率的计算

系统规定，计算 1 平方米分器官或株(茎)的含水率(%)、1 平方米分器官、总干重的生长率，均取一位小数；样本总重的分器官鲜、干重取三位小数；株(茎)鲜、干重计算取三位小数；1 平方米鲜、干重取一位小数。小数四舍五入。

(1)含水率

$$器官或株(茎)含水率(\%) = \frac{分器官或株(茎)的鲜重 - 干重}{分器官或株(茎)的鲜重} \times 100\%$$

(2)生长率

$$生长率[克/(米^2 \cdot 日)] = \frac{本次测定分器官或总干重 - 前一次测定分器官或总干重}{两次测定间隔日数}$$

分别计算分器官和总干重的生长率，首次干物质测定不计算生长率，以 32744 表示。

3. 籽粒灌浆速度、含水率的计算

(1)灌浆速度

$$灌浆速度[克/(千粒 \cdot 日)] = \frac{本次测定的千粒重 - 前一次测定的千粒重}{两次测定间隔日数}$$

计算单位时间籽粒干物质的增长量，取二位小数，小数四舍五入。首次干物质测定不计算灌浆速度，以 32744 表示。

(2)含水率

$$含水率(\%) = \frac{籽粒鲜重 - 籽粒干重}{籽粒鲜重} \times 100\%$$

籽粒含水率取二位小数，小数四舍五入。

4. 植物叶面积计算

采用叶面积仪测量直接得出的单叶面积时，直接在"面积"栏下输入单叶测量值，取一位小数；"叶长""叶宽"栏为空。

5. 分蘖盛期和有效分蘖期计算

稻类分蘖期到达普遍期后，进行分蘖动态观测，每 5 天加测一次，确定分蘖盛期和有效分蘖终止期。达到有效分蘖终止期停止分蘖动态观测，测定结果输入在"植株密度测量"表，"发育期"栏输入"分蘖动态"，制作年观测记录报表时，系统自动分析判断分蘖盛期和有效分蘖终止期。

为了纸质气簿记载与系统报表输出一致，规定纸质气簿-1-1 稻类分蘖盛期和有效分蘖终止期出现日期由系统报表自动生成日期抄录，取消人为判断记载。

分蘖盛期：观测增量最多的一次为分蘖盛期。

有效分蘖终止期：单位面积有效茎数达到预计成穗数为有效分蘖终止期。系统以稻类抽穗期的有效茎数作为达到预计成穗数的判别界限，当分蘖动态观测值达到或超过预计成穗数时，系统采用两次动态观测值进行线性内插，计算出具体出现的有效分蘖终止日期；当分蘖动态观测值未达到预计成穗数时，系统选择最后一次动态观测日期作为有效分蘖终止期。

6. 植株密度计算

植株密度的计算方法严格按照《规范》规定的耕作方式即条播、稀植(穴播、穴栽)、撒播分别计算。

系统规定,植株密度测量需要先在"植株密度基准测量"表中输入某发育期内相对不变的观测参数,如"量取宽度"、"量取长度"、"所含行距数"或"所含株距数"项目(纸质农气簿-1-1中植株密度测定记录页双线以上记载内容),但应视耕作方式不同,输入相应的项目:

(1)条播密植作物

输入"量取宽度"、"量取长度"、"所含行距数"观测参数。当该参数发生变化时,需重新输入一组新测定数据。

(2)稀植或穴播(栽)作物

输入"量取宽度"、"量取长度"、"所含行距数"(或"所含株距数")观测参数。当该参数发生变化时,需重新输入一组新测定数据。

(3)撒播作物

不需输入植株密度基准测量表。

在"植株密度测量"表中,密度测定项目为随发育期变化的参数值,如株(茎)数、总株(茎)数、有效总株(茎)数或所含株距数、所含行距数等;作物所处的耕作方式必须选择正确,包括条播、稀植(穴播、穴栽)、撒播、间套。"测定面积"栏输入 4 个测点实际的面积。

7. 土壤水分计算

系统按《规范》规定的方法计算土壤重量含水率、土壤相对湿度、土壤水分总贮存量、土壤有效水分贮存量。当土壤相对湿度大于 100%,以实际计算结果保存,土壤有效水分贮存量小于 0 时,仍以 0 保存,相应土层的"备注"栏自动加注说明,纸质农气簿-2-1 也按上述实际计算结果记载。

A5　观测记录年报表的统一

1. 报表纸张大小

系统报表纸张设计为 A3 幅面横向打印方向,单面打印。报表由省局审核员审核后根据需要决定是否打印。台站如果打印报表存档用,可打开"\AgMODOS\Reports"路径下 Excel 或 PDF 格式报表文件进行不限制纸张大小打印,如果台站配备 A3 打印机,可直接用系统默认 FlexCell 格式报表输出打印。

2. 报表的内容

《作物生育状况观测记录年报表》包括"封面""发育期与产量结构""大田生育状况观测调查""观测地段农业气象灾害和病虫害""农业气象灾害和病虫害调查""主要田间管理工作记载""生长量测定"和"观测地段说明与农业气象条件鉴定"八个子报表。

《土壤水分观测记录年报表》包括"烘干称重法封面""观测地段说明与土壤水分变化

评述""土壤重量含水率""土壤水分总贮存量""土壤有效水分贮存量""土壤相对湿度"和"土壤水文、物理特性测定及其他"七个子报表。

《自然物候观测记录年报表》包括"封面""观测植株地理环境与物候分析期""木本植物物候期""草本植物物候期"和"气象水文现象与候鸟物候期"五个子报表。

《畜牧气象观测记录年报表》包括"封面""观测地段说明与畜群调查""牧草发育期""牧草生长高度""牧草产量测定""草层高度、覆盖度、草层状况、采食度""牧草及家畜气象、病虫害等灾害""家畜膘情调查""牧事活动、天气气候影响评述及纪要"九个子报表。

3. 报表打印整洁

如果某单元格内容较多,不能完全显示,可将该单元格上下左右边距拉动手动调整大小,设置打印幅面,预览打印内容,直到其单元格内容全部显示为止。

农业气象观测站上传数据文件内容 与传输规范（试行）V1.2

（中国气象局综合观测司　国家气象中心　2017 年 7 月修订）

B1　组成

农业气象观测站上传的数据文件是指农业气象观测站（含农业气象试验站）通过人工观测或仪器自动记录的数据，按一定规则记录形成的实时数据文件，包括作物要素数据文件、土壤水分要素数据文件、自然物候要素数据文件、畜牧气象要素数据文件和灾害要素数据文件五大类，其包含的主要内容见表 B1.1。

表 B1.1　农业气象观测上传数据文件的组成与内容

农业气象观测数据上传文件	主要内容
作物要素数据文件	包括作物生长发育、作物生长量、作物产量因素、作物产量结构、关键农事活动、本地产量水平和大田生育状况调查等信息
土壤水分要素数据文件	包括土壤水文物理特性、土壤相对湿度、水分总储存量、有效水分储存量、土壤重量含水率和土壤冻结与解冻等信息
自然物候要素数据文件	包括木本植物物候期、草本植物、动物物候期和气象水文现象等信息
畜牧气象要素数据文件	包括牧草生长发育、牧草产量、覆盖度及草层采食度、灌木半灌木密度、家畜膘情、家畜羯羊重调查、畜群基本情况调查、牧事活动调查和草层高度测量等级调查等信息
灾害要素数据文件	包括农业气象灾害与调查、植物灾害观测与调查和畜牧灾害等信息

B2　上传文件命名规则

全国农业气象观测站（含试验站）直接向本省或国家一级上传的文件命名方式，包括单站文件命名和多站文件命名两种规则。上传文件的参数说明详见下文"B2.3 上传文件参数说明"部分。

B2.1　实时上传文件命名规则

B2.1.1　单站文件

单站(即全国农业气象观测站、试验站)的农业气象观测数据上传文件命名方式为：

Z_AGME_I_IIiii_YYYYMMDDhhmmss_O_PPPP[—CCx].txt

单站农业气象观测数据上传文件命名规则见表 B2.1。

表 B2.1　单站农业气象观测数据上传文件命名规则

农业气象观测数据上传文件	文件命名
作物要素数据文件	Z_AGME_I_IIiii_YYYYMMDDhhmmss_O_CROP[—CCx].txt
土壤水分要素数据文件	Z_AGME_I_IIiii_YYYYMMDDhhmmss_O_SOIL[—CCx].txt
自然物候要素数据文件	Z_AGME_I_IIiii_YYYYMMDDhhmmss_O_PHENO[—CCx].txt
畜牧气象要素数据文件	Z_AGME_I_IIiii_YYYYMMDDhhmmss_O_GRASS[—CCx].txt
灾害要素数据文件	Z_AGME_I_IIiii_YYYYMMDDhhmmss_O_DISA[—CCx].txt

B2.1.2　多站文件命

多站(即全国农业气象观测站、试验站通过省级、国家级打包的)的农业气象观测数据上传文件命名方式为：

Z_AGME_C_CCCC_YYYYMMDDhhmmss_O_PPPP.txt

多站农业气象观测数据上传文件命名规则见表 B2.2。

表 B2.2　多站农业气象观测数据上传文件命名规则

农业气象观测数据上传文件	文件命名
作物要素数据文件	Z_AGME_C_CCCC_YYYYMMDDhhmmss_O_CROP.txt
土壤水分要素数据文件	Z_AGME_C_CCCC_YYYYMMDDhhmmss_O_SOIL.txt
自然物候要素数据文件	Z_AGME_C_CCCC_YYYYMMDDhhmmss_O_PHENO.txt
畜牧气象要素数据文件	Z_AGME_C_CCCC_YYYYMMDDhhmmss_O_GRASS.txt
灾害要素数据文件	Z_AGME_C_CCCC_YYYYMMDDhhmmss_O_DISA.txt

B2.2　年度数据文件

农业气象观测年度数据文件仅适用于单站命名与传输。农业气象观测年度数据上传文件命名方式为：

Z_AGME_I_IIiii_YYYYMMDDhhmmss_O_PPPP—yyyy.txt

农业气象观测年度数据上传文件命名规则见表 B2.3。

表 B2.3　农业气象观测年度数据上传文件命名规则

农业气象观测数据上传文件	文件命名
作物要素数据文件	Z_AGME_I_IIiii_YYYYMMDDhhmmss_O_CROP—yyyy.txt
土壤水分要素数据文件	Z_AGME_I_IIiii_YYYYMMDDhhmmss_O_SOIL—yyyy.txt
自然物候要素数据文件	Z_AGME_I_IIiii_YYYYMMDDhhmmss_O_PHENO—yyyy.txt

续表

农业气象观测数据上传文件	文件命名
畜牧气象要素数据文件	Z_AGME_I_IIiii_YYYYMMDDhhmmss_O_GRASS—yyyy.txt
灾害要素数据文件	Z_AGME_I_IIiii_YYYYMMDDhhmmss_O_DISA—yyyy.txt

B2.3　上传文件参数说明

单站、多站和年度数据上传文件有关参数说明如下:

Z:固定代码,表示文件为国内交换的资料。

AGME:农业气象观测数据指示码。

I:固定代码,指示其后字段代码为测站区站号。

IIiii:测站区站号。

C:固定代码,指示其后字段编码为编报台字母代号。

CCCC:编报台字母代号,详见表B2.4。

YYYYMMddhhmmss:文件生成时间"年月日时分秒"(UTC,国际时)。其中,YYYY为年,4位;MM为月,2位;DD为日,2位;hh为小时,2位;mm为分钟,2位;ss为秒,2位。在年月日时分秒中,若位数不足时,高位补"0"。例如:2007年3月3日19时整,编为20070303190000。

O:气象观测数据指示码。

PPPP:农业气象观测数据字母代号,详见表B2.5。

CCx:资料更正标识,可选标志,仅在单站资料文件名中使用。对于某测站(由IIiii指示)已发观测资料进行更正时,文件名中必须包含资料更正标识字段。CCx中:CC为固定代码;x取值为A—X,x=A时,表示对该站某次观测的第一次更正;x=B时,表示对该站某次观测的第二次更正,依次类推,直至x=X。

yyyy:年记录数据的年度。

txt:固定代码,表示文件为文本格式。

PPPP与CCx字段间的分隔符为减号(—);其他字段间的分隔符为下划线(_)。

表B2.4　编报台字母代号(CCCC)

CCCC代码	编报台名称	CCCC代码	编报台名称	CCCC代码	编报台名称
BEPK	北京市	BENB	宁波	BCLZ	兰州
BETJ	天津	BEXM	厦门	BEQD	青岛
BESZ	石家庄	BECS	长沙	BEXA	西安
BETY	太原	BENC	南昌	BEYC	银川
BEHT	呼和浩特	BCSH	上海	BEXN	西宁
BEZZ	郑州	BENJ	南京	BCUQ	乌鲁木齐

续表

CCCC 代码	编报台名称	CCCC 代码	编报台名称	CCCC 代码	编报台名称
BEJN	济南	BEHF	合肥	BCCD	成都
BCSY	沈阳	BEHZ	杭州	BECQ	重庆
BECC	长春	BEFZ	福州	BEGY	贵阳
BEHB	哈尔滨	BCGZ	广州	BEKM	昆明
BCWH	武汉	BEHK	海口	BELS	拉萨
BEDL	大连	BENN	南宁	BABJ	国家气象中心

表 B2.5 农业气象观测数据字母代号(PPPP)

PPPP 代码	农业气象观测数据类型
CROP	作物要素
SOIL	土壤水分要素
PHENO	自然物候要素
GRASS	畜牧气象要素
DISA	灾害要素

B3 上传时间规定

B3.1 数据上传原则

(1)农业气象观测数据传输内容包括:作物要素、土壤水分要素、自然物候要素、畜牧气象要素和灾害要素。

(2)农业气象观测数据必须按规定时间将观测、分析后形成的实时和年记录数据上传到国家气象信息中心。

(3)数据传输路径参照《地面自动站常规观测传输规程》。

B3.2 数据上传时间规定

B3.2.1 观测时间界定

农业气象观测的日期以北京时 20 时为日界。在人工观测方法中,观测时间仅精确到年、月、日,不计小时、分、秒。

周一至周日为一自然周。

B3.2.2 上传时间规定

(1)实时文件上传时间

各类实时农业气象观测数据文件的上传时间按表 B3.1 规定执行;当日未形成农业气象观测数据,次日无需上传。

(2)年度文件上传时间

每年 5 月 31 日前,上传上一年度的各类农业气象观测年记录数据文件。

表 B3.1　农业气象观测数据文件上传时间规定

农业气象观测数据上传文件	农业气象观测数据上传时间	说明
作物要素数据文件	每日北京时 10 时前上传前一日形成的作物生长发育观测数据	更正报必须在原有报文规定上传时间 2 天内上传
土壤水分要素数据文件	每日北京时 10 时前上传前一日形成的土壤水分观测数据	更正报必须在原有报文规定上传时间 2 天内上传
自然物候要素数据文件	每周一北京时 10 时前上传上一周形成的自然物候观测数据	更正报必须在原有报文规定上传时间 2 天内上传
畜牧气象要素数据文件	每日北京时 10 时前上传前一日形成的畜牧气象观测数据	更正报必须在原有报文规定上传时间 2 天内上传
灾害要素数据文件	每日北京时 15 时前上传当日 0—12 时前形成的灾害观测数据;次日北京时 10 时前上传前一日 12—24 时形成的灾害观测数据	更正报必须当日上传

B4　上传数据文件的格式与内容

B4.1　上传数据文件的格式

各类农业气象观测数据文件(＊.TXT)为顺序数据文件结构,包括报头、正文和全文结束符三部分。

B4.1.1　单站文件报文样例

区站号,纬度,经度,观测场海拔高度,气压传感器海拔高度,观测方式,w@〈CR〉〈LF〉

段关键字 1,m@〈CR〉〈LF〉

要素[1,1],要素[1,2],…,要素[1,n]@〈CR〉〈LF〉

要素[2,1],要素[2,2],…,要素[2,n]@〈CR〉〈LF〉

…此处省略多行记录…

要素[m,1],要素[m,2],…,要素[m,n]@〈CR〉〈LF〉

END_段关键字 1@〈CR〉〈LF〉

段关键字 2,i@〈CR〉〈LF〉

要素[1,1],要素[1,2],…,要素[1,j]@〈CR〉〈LF〉

要素[2,1],要素[2,2],…,要素[2,j]@〈CR〉〈LF〉

…此处省略多行记录…

要素[i,1],要素[i,2],…,要素[i,j]@〈CR〉〈LF〉

END_段关键字 2@〈CR〉〈LF〉

…此处省略多个记录段…

段关键字 w,x@〈CR〉〈LF〉

要素[1,1],要素[1,2],…,要素[1,y]@〈CR〉〈LF〉

要素[2,1],要素[2,2],…,要素[2,y]@〈CR〉〈LF〉

…此处省略多行记录…

要素[x,1],要素[x,2],…,要素[x,y]@〈CR〉〈LF〉

END_段关键字 w@〈CR〉〈LF〉

＝〈CR〉〈LF〉

〈NNNN〉

B4.1.2 多站文件报文样例

区站号 1,纬度 1,经度 1,观测场海拔高度 1,气压传感器海拔高度 1,观测方式 1,w1@〈CR〉〈LF〉

段关键字 1,m1@〈CR〉〈LF〉

要素[1,1],要素[1,2],…,要素[1,n1]@〈CR〉〈LF〉

要素[2,1],要素[2,2],…,要素[2,n1]@〈CR〉〈LF〉

…此处省略多行记录…

要素[m1,1],要素[m1,2],…,要素[m1,n1]@〈CR〉〈LF〉

END_段关键字 1@〈CR〉〈LF〉

…此处省略多个记录段…

段关键字 w1,x1@〈CR〉〈LF〉

要素[1,1],要素[1,2],…,要素[1,y1]@〈CR〉〈LF〉

要素[2,1],要素[2,2],…,要素[2,y1]@〈CR〉〈LF〉

…此处省略多行记录…

要素[x1,1],要素[x1,2],…,要素[x1,y1]@〈CR〉〈LF〉

END_段关键字 w1@〈CR〉〈LF〉

＝〈CR〉〈LF〉

区站号 2,纬度 2,经度 2,观测场海拔高度 2,气压传感器海拔高度 2,观测方式 2,w2@〈CR〉〈LF〉

段关键字 1,m2@〈CR〉〈LF〉

要素[1,1],要素[1,2],…,要素[1,n2]@〈CR〉〈LF〉

要素[2,1],要素[2,2],…,要素[2,n2]@〈CR〉〈LF〉

…此处省略多行记录…

要素[m2,1],要素[m2,2],…,要素[m2,n2]@〈CR〉〈LF〉

END_段关键字 1@〈CR〉〈LF〉

…此处省略多个记录段…

段关键字 w2,x2@〈CR〉〈LF〉

要素[1,1],要素[1,2],…,要素[1,y2]@〈CR〉〈LF〉

要素[2,1],要素[2,2],…,要素[2,y2]@〈CR〉〈LF〉

…此处省略多行记录…

要素[x2,1],要素[x2,2],…,要素[x2,y2]@⟨CR⟩⟨LF⟩

END_段关键字 w2@⟨CR⟩⟨LF⟩

=⟨CR⟩⟨LF⟩

⟨NNNN⟩

B4.1.3 符号说明

⟨@⟩:半角@符。

⟨,⟩:半角逗号,记录项目分割符。

⟨CR⟩:半角回车符。

⟨LF⟩:半角换行符。

⟨=⟩:半角等号,单站记录结束符。

⟨NNNN⟩:连续四个半角 N,全部记录结束符。

⟨END_⟩:字符串 END 后跟半角下杠,子要素段记录结束符。

说明:

(1)由于本全景样例共有 w 个记录段,所以报告头部的记录段个数位置为 w。

(2)由于第一个记录段中有 m 条记录,即 m 个有效记录行,所以在段关键字 1 后的要素为 m;由于第二个记录段中有 i 条记录,即 i 个有效记录行,所以在段关键字 2 后的要素为 i;由于第 w 个记录段中有 x 条记录,即 x 个有效记录行,所以在段关键字 w 后的要素为 x。

B4.1.4 报文格式规定

(1)报头规定

第 1 条记录,记录本站基本信息,包括区站号、纬度、经度、观测场海拔高度、气压传感器海拔高度、观测方式和所含数据段数目共 7 组,每组用 1 个半角逗号(,)分隔,以"@⟨CR⟩⟨LF⟩"结束。各类农业气象观测数据文件的"报头"内容相同,各组排列顺序及长度分配见表 B4.1。

表 B4.1 农业气象观测数据报头文件结构

序号	名　称	长度	单位	说明
1	区站号	5	无	5 位数字或第 1 位为字母,第 2—5 位为数字
2	纬度	6	秒	按度分秒记录,均为 2 位,台站纬度未精确到秒时,秒固定记录 00
3	经度	7	秒	按度分秒记录,度为 3 位,分秒为 2 位,台站经度未精确到秒时,秒固定记录 00
4	观测场海拔高度	5	0.1 米	保留一位小数,扩大 10 倍记录
5	气压传感器海拔高度	5	0.1 米	保留一位小数,扩大 10 倍记录,无气压传感器时,录入 99999

序号	名　称	长度	单位	说明
6	观测方式	1	无	当器测项目为人工观测时存入1,器测项目为自动站观测时存入4
7	所含数据段数目	2	组	变长,最大长度2位。

（2）正文规定

各类要素数据文件正文由若干个子要素部分的数据段组成,即每个子要素部分构成一个数据段,由段关键字(代码)、观测数据记录、段关键字结束和所有数据段结束符组成。其结构如下:

段关键字,m@〈CR〉〈LF〉

…(观测数据记录部分)

END_段关键字@〈CR〉〈LF〉

=〈CR〉〈LF〉

数据段的关键字为本类文件要素的要素实名代码(详见B4.2上传数据文件的内容),占2条记录,关键字占1条,段内记录条数指示码"m"占1条,并以"@〈CR〉〈LF〉"结束记录。

数据段的观测数据记录部分由m条记录组成,每条记录为当天或上一天内观测的若干项目记录,或不同梯度当天或上一天内观测的若干项目记录,项目之间用1个半角逗号(,)分隔,字符型项目用双引号("")括起,并以回车换行"@〈CR〉〈LF〉"结束该时次的记录;本数据段结束时,由"END_段关键字@〈CR〉〈LF〉"标志,表示该段数据结束;若未形成或没有该数据段的观测数据时,该段不编报。

不同观测对象,如不同的作物、土壤水分观测地段、植物、畜牧等观测对象,但观测要素相同的(段关键字),可实行重复编报方式。

（3）结束符规定

记录结束:"@〈CR〉〈LF〉"为每一条记录的结束符。

单站记录结束:"=〈CR〉〈LF〉"为单站记录的结束符,表示该站的一天观测记录已经结束。

全文结束:"NNNN"为全文结束符,提示该文件的单站或多站的记录内容已全部结束。

（4）其他规定

高位补零:当要素值(除字符型外)不足相应要素位置的位数时,不论观测方式为机器观测还是人工观测,高位均需补0,以达到规定位数。

负数:当要素值为负数时,编报时以半角减号(－)开头,半角减号占规定位数的一位。如规定"气温"要素占4字节,单位为0.1℃,那么,当实际气温为－5℃时,编报－050;当实际气温为+5℃时,对应要素位置编报0050。

缺测:当某允许缺测的要素为缺测时,以9编发相应位数的值(字符型除外)。如规定"旬平均气温"要素占4字节,单位为0.1℃,那么,当实际气温缺测时,对应要素位置编报9999。

B4.2　上传数据文件的内容

B4.2.1　作物要素内容

B4.2.1.1　作物要素组成

作物要素数据文件正文由10个子要素组成,其关键字与要素实名对照见表B4.2。

表 B4.2　作物要素文件子要素实名与关键字对照

序号	子要素实名	关键字	项目数	说明
1	作物生长发育	CROP-01	8	
2	叶面积指数	CROP-02	6	
3	灌浆速度	CROP-03	5	
4	产量因素	CROP-04	5	
5	产量结构	CROP-05	4	
6	关键农事活动	CROP-06	6	
7	县产量水平	CROP-07	5	
8	植株分器官干物质重量	CROP-08	10	
9	大田生育状况基本情况	CROP-09	5	新增
10	大田生育状况调查内容	CROP-10	13	

B4.2.1.2　作物子要素格式

作物要素的各子要素格式详见表B4.3至表B4.12。

表 B4.3　作物生长发育子要素

序号	要素名	长度(字节)	单位	说明
1	作物名称	6	编码	详见《农业气象观测数据编码》(以下简称《编码》)作物名称部分
2	发育期	2	编码	详见《编码》作物发育期部分
3	发育时间	14	日期	年月日时分秒(国际时,YYYYMMddhhmmss);如观测精度未到秒级则秒位编00;如观测精度未到分级则分位编00,下同
4	发育期距平	4	天	与历史平均发育期之差,正数发育期推迟,负数为提前
5	发育期百分率	4	%	进入发育期的株(茎)数比例

序号	要素名	长度(字节)	单位	说明
6	生长状况	1	无	1 为一类苗 2 为二类苗 3 为三类苗
7	植株高度	4	厘米	测区植株平均高度
8	植株密度	8	0.01株(茎)数/米^2	单位面积上的植株数量

表 B4.4　叶面积子要素

序号	要素名	长度(字节)	单位	说明
1	测定时间	14	日期	年月日时分秒
2	作物名称	6	编码	详见《编码》作物名称部分
3	发育期	2	编码	详见《编码》作物发育部分
4	生长率	6	0.01克/(米^2·日)	计算总干重部分的干物质增长量
5	含水率	6	0.01%	器官或株(茎)含水率
6	叶面积指数	6	0.1	单位土地面积上的绿叶面积的倍数

表 B4.5　灌浆速度子要素

序号	要素名	长度(字节)	单位	说明
1	测定时间	14	日期	年月日时分秒
2	作物名称	6	编码	详见《编码》作物名称部分
3	含水率	6	0.01%	计算籽粒的含水百分率
4	千粒重	6	0.01克	计算 1000 粒平均籽粒干重的值
5	灌浆速度	6	0.01克/(千粒·日)	计算单位时间籽粒干物质增长量

表 B4.6　产量因素子要素

序号	要素名	长度(字节)	单位	说明
1	测定时间	14	日期	年月日时分秒
2	作物名称	6	编码	详见《编码》作物名称部分
3	发育期	2	编码	详见《编码》作物发育部分
4	项目名称	2	编码	详见《编码》作物产量因素部分
5	测定值	8	0.01	各项目测值均保留 2 位小数

表 B4.7　产量结构子要素

序号	要素名	长度(小数位)	单位	说明
1	测定时间	14	YYYY-MM-DD	年月日时分秒
2	作物名称	6	编码	详见《编码》作物名称部分
3	项目名称	2	编码	详见《编码》作物产量结构部分
4	测定值	8	0.01	各项目测值均保留 2 位小数

表 B4.8 关键农事活动子要素

序号	要素名	长度(字节)	单位	说明
1	起始时间	14	日期	年月日时分秒
2	结束时间	14	日期	年月日时分秒
3	作物名称	6	编码	详见《编码》作物名称部分
4	项目名称	4	编码	详见《编码》田间工作部分。
5	质量	1	无	1为较差;2为中等;3为优良
6	方法和工具	100	字符	文字描述

表 B4.9 县产量水平子要素

序号	要素名	长度(字节)	单位	说明
1	年度	4	日期	年
2	作物名称	8	编码	详见《编码》作物名称部分
3	测站产量水平	6	0.1千克/公顷	观测场地产量水平
4	县平均单产	6	0.1千克/公顷	测站所在县产量水平
5	县产量增减产百分率	6	0.1%	测站所在县产量与上一年的增减情况

表 B4.10 植株分器官干物质重量要素

序号	要素名	长度(字节)	单位	说明
1	测定时间	14	日期	年月日时分秒
2	作物名称	6	编码	详见《编码》作物名称部分
3	发育期	2	编码	详见《编码》作物发育期部分
4	器官名称	1	无	0为整株;1为叶;2为叶鞘;3为茎;4为果实
5	株茎鲜重	7	0.001克	器官鲜重
6	株茎干重	7	0.001克	器官干重
7	平方米株茎鲜重	6	0.1克/米^2	1平方米器官鲜重
8	平方米株茎干重	6	0.1克/米^2	1平方米器官干重
9	含水率	6	0.1%	器官含水率
10	生长率	6	0.1克/(米^2·日)	器官的干物质增长量

表 B4.11 大田生育状况基本情况要素

序号	要素名	长度(字节)	单位	说明
1	大田水平	1	无	0为上等田;1为中等田;2为下等田
2	作物名称	6	编码	详见《编码》作物名称部分
3	播种时间	14	日期	
4	收获时间	14	日期	
5	单产	6	0.1千克/公顷	收获单产

表 B4.12   大田生育状况调查要素

序号	要素名	长度(字节)	单位	说明
1	观测日期	14	日期	年月日时分秒
2	大田水平	1	无	0 为上等田;1 为中等田;2 为下等田
3	作物名称	6	编码	详见《编码》作物名称部分
4	发育期	2	编码	详见《编码》作物发育期部分
5	植株高度	4	厘米	
6	植株密度	8	0.01 株(茎)数/米²	
7	生长状况	1	无	1 为一类苗;2 为二类苗;3 为三类苗
8	产量因素名称 1	2	编码	详见《编码》作物产量因素部分
9	产量因素测量值 1	8	0.01	
10	产量因素名称 2	2	无	单位参见《规范》
11	产量因素测量值 2	8	0.01	无测量填满 9
12	产量因素名称 3	2	无	
13	产量因素测量值 3	8	0.01	

B4.2.2   土壤水分要素内容

B4.2.2.1   土壤水分要素组成

土壤水分要素数据文件正文由 8 个子要素组成,其关键字与要素实名对照见表 B4.13。

表 B4.13   土壤水分要素文件子要素实名与关键字对照

序号	子要素实名	关键字	项目数	说明
1	土壤水文物理特性	SOIL-01	6	
2	土壤相对湿度	SOIL-02	17	
3	水分总储存量	SOIL-03	14	
4	有效水分储存量	SOIL-04	14	
5	土壤冻结与解冻	SOIL-05	5	
6	土壤重量含水率	SOIL-06	14	
7	干土层与地下水位	SOIL-07	5	新增
8	降水灌溉与渗透	SOIL-08	6	

B4.2.2.2   土壤水分要素格式

土壤水分要素的各子要素格式详见表 B4.14 至表 B4.21。

表 B4.14   土壤水文物理特性子要素

序号	要素名	长度(字节)	单位	说明
1	测定时间	14	日期	年月日时分秒
2	地段类型	1	无	0 为作物观测地段 1 为固定观测地段 2 为加密观测地段 3 为其他观测地段

续表

序号	要素名	长度(字节)	单位	说明
3	土层深度	3	厘米	分别为10,20,……,100厘米10个层
4	田间持水量	4	0.1%	土壤所能保持的毛管悬着水的最大量
5	土壤容重	4	0.01克/厘米^2	单位体积内的干土重
6	凋萎湿度	4	0.1%	致使植株叶片开始呈现凋萎状态时的土壤湿度

注:测站启用或更新土壤水文物理特性时,且仅首次上传本子要素。

表 B4.15 土壤相对湿度子要素

序号	要素名	长度(字节)	单位	说明
1	测定时间	14	日期	年月日时分秒
2	地段类型	1	无	0为作物观测地段 1为固定观测地段 2为加密观测地段 3为其他观测地段
3	作物名称	6	编码	详见《编码》作物名称部分
4	发育期	2	编码	详见《编码》作物发育期部分
5	干土层厚度	4	厘米	仅含与测墒同步的观测量
6	10厘米土壤相对湿度			
7	20厘米土壤相对湿度			
8	30厘米土壤相对湿度			
9	40厘米土壤相对湿度			
10	50厘米土壤相对湿度	4	%	各土层土壤相对湿度测量值
11	60厘米土壤相对湿度			
12	70厘米土壤相对湿度			
13	80厘米土壤相对湿度			
14	90厘米土壤相对湿度			
15	100厘米土壤相对湿度			
16	灌溉或降水	1	无	0为无灌溉和降水 1为有灌溉或降水
17	地下水位	2	0.1米	仅含与测墒同步的观测量。大于等于2米编20

表 B4.16 水分总储存量子要素

序号	要素名	长度(字节)	单位	说明
1	测定时间	14	日期	年月日时分秒
2	地段类型	1	无	0为作物观测地段 1为固定观测地段 2为加密观测地段 3为其他观测地段

序号	要素名	长度(字节)	单位	说明
3	作物名称	6	编码	详见《编码》作物名称部分
4	发育期	2	编码	详见《编码》作物发育期部分
5	10厘米水分总储存量			
6	20厘米水分总储存量			
7	30厘米水分总储存量			
8	40厘米水分总储存量			
9	50厘米水分总储存量	4	毫米	一定深度的土壤中总的含水量
10	60厘米水分总储存量			
11	70厘米水分总储存量			
12	80厘米水分总储存量			
13	90厘米水分总储存量			
14	100厘米水分总储存量			

表 B4.17　有效水分储存量子要素

序号	要素名	长度(字节)	单位	说明
1	测定时间	14	日期	年月日时分秒
2	地段类型	1	无	0为作物观测地段 1为固定观测地段 2为加密观测地段 3为其他观测地段
3	作物名称	6	编码	详见《编码》作物名称部分
4	发育期	2	编码	详见《编码》作物发育期部分
5	10厘米有效水分储存量			
6	20厘米有效水分储存量			
7	30厘米有效水分储存量			
8	40厘米有效水分储存量			
9	50厘米有效水分储存量	4	毫米	土壤中含有的大于凋萎湿度的水分储存量
10	60厘米有效水分储存量			
11	70厘米有效水分储存量			
12	80厘米有效水分储存量			
13	90厘米有效水分储存量			
14	100厘米有效水分储存量			

表 B4.18　土壤冻结与解冻子要素

序号	要素名	长度(字节)	单位	说明
1	出现时间	14	日期	年月日时分秒
2	地段类型	1	无	0为作物观测地段 1为固定观测地段 2为加密观测地段 3为其他观测地段

序号	要素名	长度(字节)	单位	说明
3	作物名称	6	编码	编码,详见《编码》作物名称部分
4	土层深度	1	无	0 为表层;1 为 10 厘米;2 为 20 厘米
5	土层状态	1	无	0 为冻结;1 为解冻

表 B4.19　土壤重量含水率子要素

序号	要素名	长度(字节)	单位	说明
1	测定时间	14	日期	年月日时分秒
2	地段类型	1	无	0 为作物观测地段 1 为固定观测地段 2 为加密观测地段 3 为其他观测地段
3	作物名称	6	编码	详见《编码》作物名称部分
4	发育期	2	编码	详见《编码》作物发育部分
5	10 厘米土壤重量含水率	4	0.1%	土壤中含有的大于凋萎湿度的水分储存量
6	20 厘米土壤重量含水率			
7	30 厘米土壤重量含水率			
8	40 厘米土壤重量含水率			
9	50 厘米土壤重量含水率			
10	60 厘米土壤重量含水率			
11	70 厘米土壤重量含水率			
12	80 厘米土壤重量含水率			
13	90 厘米土壤重量含水率			
14	100 厘米土壤重量含水率			

表 B4.20　干土层与地下水位子要素

序号	要素名	长度(字节)	单位	说明
1	测定时间	14	日期	年月日时分秒
2	地段类型	1	无	0 为作物观测地段 1 为固定观测地段 2 为加密观测地段 3 为其他观测地段
3	作物名称	6	编码	详见《编码》作物名称部分
4	干土层厚度	4	厘米	任何时次的测定值
5	地下水位	4	0.1 米	任何时次的测定值。大于等于 2 米未测量时编 9200

表 B4.21　降水灌溉与渗透子要素

序号	要素名	长度(字节)	单位	说明
1	测定时间	14	日期	年月日时分秒
2	地段类型	1	编码	0 为作物观测地段 1 为固定观测地段 2 为加密观测地段 3 为其他观测地段
3	作物名称	6	编码	编码,详见《编码》作物名称部分
4	降水灌溉与渗透项目	1	无	0 为降水;1 为灌溉;2 为渗透
5	降水灌溉量或渗透深度	4	0.1毫米/米³ 或厘米	观测时段内合计量;透雨或接墒 编码 9998
6	出现时间	50	字符	降水灌溉量或渗透出现的时间

B4.2.3　自然物候要素数据文件

B4.2.3.1　自然物候要素组成

自然物候要素数据文件正文由 4 个子要素组成,其关键字与要素实名对照见表 B4.22。

表 B4.22　自然物候要素文件子要素实名与关键字对照

序号	子要素实名	关键字	项目数
1	木本植物物候期	PHENO-01	3
2	草本植物物候期	PHENO-02	3
3	气象水文现象	PHENO-03	2
4	动物物候期	PHENO-04	3

B4.2.3.2　自然物候要素格式

自然物候要素的各子要素格式详见表 B4.23 至表 B4.26。

表 B4.23　木本植物物候期子要素

序号	要素名	长度(字节)	单位	说明
1	出现时间	14	日期	年月日时分秒
2	植物名称	8	编码	详见《编码》植物动物名称部分
3	物候期名称	2	编码	详见《编码》植物物候名称部分

表 B4.24　草本植物物候期子要素

序号	要素名	长度(字节)	单位	说明
1	出现时间	14	日期	年月日时分秒
2	植物名称	8	编码	详见《编码》植物动物名称部分
3	物候期名称	2	编码	详见《编码》植物物候名称部分

表 B4.25　气象水文现象子要素

序号	要素名	长度(字节)	单位	说明
1	出现时间	14	日期	年月日时分秒
2	水文现象名称	4	编码	详见《编码》水文现象名称部分

表 B4.26　动物物候期子要素

序号	要素名	长度(字节)	单位	说明
1	出现时间	14	日期	年月日时分秒
2	动物名称	8	编码	详见《编码》植物动物名称部分
3	物候期名称	2	编码	详见《编码》植物物候期名称部分

B4.2.4　畜牧气象要素数据文件

B4.2.4.1　畜牧气象要素组成

畜牧气象要素数据文件正文由 10 个子要素组成,其关键字与要素实名对照见表 B4.27。

表 B4.27　畜牧要素文件子要素实名与关键字对照

序号	子要素实名	关键字	项目数	说明
1	牧草发育期	GRASS-01	4	
2	牧草生长高度	GRASS-02	3	
3	牧草产量	GRASS-03	5	
4	覆盖度及草层采食度	GRASS-04	5	
5	灌木、半灌木密度	GRASS-05	4	
6	家畜膘情等级调查	GRASS-06	4	
7	家畜羔羊重调查	GRASS-07	7	
8	畜群基本情况调查	GRASS-08	16	新增
9	牧事活动调查	GRASS-09	4	
10	草层高度测量	GRASS-10	4	

B4.2.4.2　畜牧气象要素格式

畜牧气象要素的各子要素格式详见表 B4.28 至表 B4.37。

表 B4.28　牧草发育期子要素

序号	要素名	长度(字节)	单位	说明
1	观测时间	14	日期	年月日时分秒
2	牧草名称	8	编码	详见《编码》牧草名称部分
3	发育期	2	编码	编码,详见《编码》作物发育期部分
4	发育期百分率	4	%	进入发育期的株(茎)数比例

表 B4.29　牧草生长高度子要素

序号	要素名	长度(字节)	单位	说明
1	观测时间	14	日期	年月日时分秒
2	牧草名称	8	编码	详见《编码》牧草名称部分
3	生长高度	4	厘米	测区牧草平均高度

表 B4.30　牧草产量子要素

序号	要素名	长度(字节)	单位	说明
1	测定时间	14	日期	年月日时分秒
2	牧草名称	8	编码	详见《编码》牧草名称部分
3	干重	6	0.1千克/公顷	牧草或灌木、半灌木分种产量
4	鲜重	6	0.1千克/公顷	
5	干鲜比	4	%	干重与鲜重的比例

表 B4.31　覆盖度及草层采食度子要素

序号	要素名	长度(字节)	单位	说明
1	测定时间	14	日期	年月日时分秒
2	覆盖度	4	%	灌木、半灌木的覆盖地面比例
3	草层状况评价	1	无	1为优；2为良；3为中；4为差；5为很差
4	采食度	1	无	1为轻微；2为轻；3为中；4为重；5为很重
5	采食率	4	%	混合牧草的家畜采食率

表 B4.32　灌木、半灌木密度子要素

序号	要素名	长度(字节)	单位	说明
1	测定时间	14	日期	年月日时分秒
2	牧草名称	8	编码	详见《编码》牧草名称部分
3	每公顷株丛数	6	株/公顷	由100平方米的顷株丛数推算
4	每公顷总株丛数	6	株/公顷	各分种草每公顷株丛数的总和

表 B4.33　家畜膘情等级调查子要素

序号	要素名	长度(字节)	单位	说明
1	调查时间	14	无	年月日时分秒
2	膘情等级	1	无	1为上；2为中；3为下；4为很差
3	成畜头数	4	头	不同调查等级下的头数
4	幼畜头数	4	头	

表 B4.34　家畜羯羊重调查

序号	要素名	长度(字节)	单位	说明
1	调查时间	14	无	年月日时分秒
2	羯羊_1体重	4	0.1千克	
3	羯羊_2体重	4	0.1千克	
4	羯羊_3体重	4	0.1千克	
5	羯羊_4体重	4	0.1千克	

续表

序号	要素名	长度(字节)	单位	说明
6	羯羊_5体重	4	0.1千克	
7	平均	4	0.1千克	

表 B4.35 畜群基本情况调查

序号	要素名	长度(字节)	单位	说明
1	调查时间	14	无	年月日时分秒
2	春季日平均放牧时数	2	小时	
3	夏季日平均放牧时数	2	小时	
4	秋季日平均放牧时数	2	小时	
5	冬季日平均放牧时数	2	小时	
6	有无棚舍	1	无	0 无棚舍 1 有棚舍
7	棚舍数量	4	个	
8	棚舍长	4	0.1米	
9	棚舍宽	4	0.1米	
10	棚舍高	4	0.1米	
11	棚舍结构	20	无	最多 20 个字符
12	棚舍型式	20	无	最多 20 个字符
13	棚舍门窗开向	10	无	最多 10 个字符
14	畜群家畜名称	20	无	最多 20 个字符
15	家畜品种	20	无	最多 20 个字符
16	畜群所属单位	100	无	最多 100 个字符

表 B4.36 牧事活动调查

序号	要素名	长度(字节)	单位	说明
1	调查起始时间	14	无	年月日时分秒
2	调查终止时间	14	无	年月日时分秒
3	牧事活动名称	2	编码	详见《编码》牧事活动部分
4	生产性能	200	无	最多 200 个字符

表 B4.37 草层高度子要素

序号	要素名	长度(字节)	单位	说明
1	观测时间	14	日期	年月日时分秒
2	草层类型	1	无	0 为低草层 1 为高草层

序号	要素名	长度(字节)	单位	说明
3	测量场地	1	无	0 为观测地段 1 为放牧场
4	草层高度	4	厘米	测区平均高度

B4.2.5 灾害要素数据文件

B4.2.5.1 灾害组成

农业气象灾害要素数据文件正文由 5 个子要素组成,其关键字与要素实名对照见表 B4.38。

表 B4.38 灾害要素文件子要素实名与关键字对照

序号	子要素实名	关键字	项目数	说明
1	农业气象灾害观测	DISA-01	7	
2	农业气象灾害调查	DISA-02	8	
3	牧草灾害	DISA-03	6	
4	家畜灾害	DISA-04	6	
5	植物灾害	DISA-05	7	新增

B4.2.5.2 灾害要素格式

农业气象灾害要素的各子要素格式详见表 B4.39 至表 B4.43。

表 B4.39 农业气象灾害观测子要素

序号	要素名	长度(字节)	单位	说明
1	观测时间	14	日期	年月日时分秒
2	灾害名称	4	编码	详见《编码》灾害名称部分
3	受灾作物	6	编码	详见《编码》作物名称部分
4	器官受害程度	4	%	反映植株受灾的严重性
5	预计对产量的影响	1	无	0 为无;1 为轻微;2 为轻;3 为中;4 为重
6	减产成数	2	成	减产程度估计
7	受害征状	50	字符	描述作物受灾的器官、部位、形态的变化

表 B4.40 农业气象灾害调查子要素

序号	要素名	长度(字节)	单位	说明
1	调查时间	14	日期	年月日时分秒
2	灾害名称	4	编码	详见《编码》灾害名称部分
3	受灾作物	6	编码	详见《编码》作物名称部分
4	器官受害程度	4	%	反映植株受灾的严重性
5	成灾面积	6	0.1公顷	县内成灾面积
6	成灾比例	4	0.1%	县内成灾比例
7	减产百分率	2	成	县内减产趋势估计
8	受害征状	50	字符	描述作物受灾的器官、部位、形态的变化

表 B4.41　牧草灾害子要素

序号	要素名	长度(字节)	单位	说明
1	观测时间	14	日期	年月日时分秒
2	起始时间	14	日期	年月日时分秒
3	终止时间	14	日期	年月日时分秒
4	灾害名称	4	编码	详见《编码》灾害名称部分
5	受害等级	1	无	1为轻;2为中;3为重;4为很重
6	受害征状	50	字符	描述牧草受灾情况

表 B4.42　家畜灾害子要素

序号	要素名	长度(字节)	单位	说明
1	观测时间	14	日期	年月日时分秒
2	起始时间	14	日期	年月日时分秒
3	终止时间	14	日期	年月日时分秒
4	灾害名称	4	编码	编码,详见《编码》灾害名称部分
5	受害等级	1	无	1为轻;2为中;3为重;4为很重
6	受害征状	50	字符	描述家畜受灾情况

表 B4.43　植物灾害子要素

序号	要素名	长度(字节)	单位	说明
1	观测时间	14	日期	年月日时分秒
2	起始时间	14	日期	年月日时分秒
3	终止时间	14	日期	年月日时分秒
4	受害植物	8	编码	详见《编码》植物动物名称部分
5	灾害名称	4	编码	详见《编码》灾害名称部分
6	受害程度	4	%	反映植株受灾的严重性
7	受害征状	50	字符	描述家畜受灾情况

B5　农业气象观测数据编码表

B5.1　作物名称编码表

作物名称编码采用 6 位编码方式($B_1 B_1 B_2 B_2 B_3 B_3$),详见表 B5.1。其中:

$B_1 B_1$:作物编码,固定编码 01;

$B_2 B_2$:作物类别编码;

$B_3 B_3$:作物品种(熟性)编码。

表 B5.1　作物名称编码（B 编码表）

名称	B2B2 \ B3B3	01	02	03	04	05	06	07	08	09	10
稻类 常规籼稻	00	双季稻早熟	双季早稻中熟	双季早稻晚熟	一季稻早熟	一季稻中熟	一季稻晚熟	双季晚稻早熟	双季晚稻中熟	双季晚稻晚熟	
稻类 常规粳稻	01	双季早稻早熟	双季早稻中熟	双季早稻晚熟	一季稻早熟	一季稻中熟	一季稻晚熟	双季晚稻早熟	双季晚稻中熟	双季晚稻晚熟	
稻类 杂交稻	02	双季早稻早熟	双季早稻中熟	双季早稻晚熟	一季稻早熟	一季稻中熟	一季稻晚熟	双季晚稻早熟	双季晚稻中熟	双季晚稻晚熟	
麦类	03	冬小麦冬性	冬小麦半冬性	冬小麦春性	春小麦	大麦	元麦	青稞	莜麦	燕麦	*冬小麦强冬性
玉米	04	春玉米早熟	春玉米中熟	春玉米晚熟	夏玉米早熟	夏玉米中熟	夏玉米晚熟	套玉米早熟	套玉米中熟	套玉米晚熟	
棉花	05	普通棉早熟	普通棉中熟	普通棉晚熟	长绒棉早熟	长绒棉中熟	长绒棉晚熟				
油类	06	油菜芥菜型	油菜白菜型	油菜甘蓝型	大豆	花生（春种）	芝麻	向日葵	*大豆直立型	*大豆半直立型	*花生秋种
糖类	07	新植蔗	宿根蔗	甜菜							
牧草（畜牧）	08	豆科	禾本科	莎草科	杂类草	羊	马	牛	骆驼		
其他	09	白地	高粱	谷子	糯稻	甘薯	马铃薯	蚕豆	烟草	其他	
麻类	10	苎麻（宿根）	苎麻（种子）	黄麻	红麻	亚麻					

注：带＊为新增的作物品种；新增 B3B3 作物品种编码"10"。

B5.2　牧草名称编码表

牧草名称编码采用 8 位编码方式($G_1 G_1 G_2 G_2 G_3 G_3 G_3 G_3$),详见表 B5.2。其中:

$G_1 G_1$:牧草类编码,固定编码 02;

$G_2 G_2$:科别编码,豆科编码 01、禾本科编码 02、莎草科编码 03、菊科等其他科编码 04 以上(含);

$G_3 G_3 G_3 G_3$:牧草名称编码。

表 B5.2　牧草名称编码(G 编码表)

牧草名称	拉丁学名或英文名	编码	说明
白三叶	White clover	02010001	
红三叶	Red clover	02010002	
紫花苜蓿	Lucerne/Alfalfa	02010003	
箭舌豌豆	Common vetch	02010004	
豌豆	Field pea	02010005	
黄花羽扇豆	Lupine	02010006	
短花百脉根	Lotus penduculatus	02010007	
百脉根	Bridsfoot trefoil	02010008	
高粱	Sorghum	02010009	
波斯三叶草	Persian clover	02010010	
亚力山大三叶草	Berseem clover	02010011	
绛车轴草	Crimson clover	02010012	
地三叶草	Subterranean clover	02010013	
猫头刺	Oxytropis aciphylla	02010014	
红刺	Garagana microphylia	02010015	
扁蓿豆	Melissitus ruthenica(L.)Peschkova	02010017	
青藏葫芦巴	Semen Trigonellae	02010018	
草木樨	Melilotus suaveolens Ledeb.	02010019	
红豆草	Onobrychis viciaefolia Scop	02010020	新增
黄芪	Leguminosae	02010021	
黄花苜蓿	Medicago falcata L.	02010022	
野豌豆	Vicia sepium Linn.	02010023	
豆科其他	/	02019999	
多年生黑麦草	Perennial ryegrass	02020001	
杂交黑麦草	Hybrid ryegrass	02020002	
意大利黑麦草	Italian ryegrass	02020003	
多花黑麦草	Esterwold ryegrass	02020004	
高羊茅	Tall fescue	02020005	

牧草名称	拉丁学名或英文名	编码	说明
羊茅黑麦草	Festu-Lolium	02020006	
匍匐紫羊茅	Creeping red fescue	02020007	
鸡脚草	Ocksfoot/Orchardgrass	02020008	
猫尾草	Timothy	02020009	
草地羊茅	Meadow fescue	02020010	
冰草	Wheatgrass	02020011	
草地早熟禾	Smooth-stalked meadowgrass	02020012	
无芒雀麦	Bromus	02020013	
藕草	Reed Canary grass	02020014	
非洲虎尾草	Rhodes grass	02020015	
狗牙根	Couch grass	02020016	
狼尾草	Kikuyu grass	02020017	
糙隐子草	Cleistogenes squarrosa（Trin.）Keng	02020018	
克氏针茅	Stipa kryioyii	02020019	
萎陵菜	Herba Potentillae Chinensis	02020020	
黄蒿	Artemisia annua	02020021	
阿尔泰狗娃花	Heteropappus altaicus	02020022	
艾蒿	Artemisia arjyi	02020023	
赖草	Leymus. var. secalinus	02020024	
碱茅	Puccinellia micrandra	02020025	
斜茎黄芪	Astragalus adsurgens	02020026	
羊草	Aneurolepidium chinense	02020027	
垂穗披碱草	Elymus nutans Griseb.	02020028	
星星草	Puccinella tenuiflora	02020029	
匍匐冰草	Agropyron repens	02020030	
高山早熟禾	Poa alpina L.	02020031	
冷地早熟禾	Poa crymophila Keng	02020032	
羊茅	Festuca ovina L.	02020033	
洽草	Koeleria glauca	02020034	新增
西北针茅	Stipa Krylovii	02020035	
紫花针茅	Stipa L.	02020036	
戈壁针茅	Stipa tianschanica Roshev. var. gobica（Roshev.）P. C. Kuo	02020037	
无芒隐子草	Cleistogenes songorica	02020038	
拂子茅	Calamagrostis epigeios（L.）Roth	02020039	
蒿子	Artemisia apiacea Hance	02020040	

续表

牧草名称	拉丁学名或英文名	编码	说明
狗尾草	Setaria viridis(L.)Beauv.	02020041	
针茅	Stipa capillata Linn.	02020042	
早熟禾	Poa annua L.	02020043	
贝加尔针茅	Stipa Baicalensis Roshev.	02020044	
小针茅	Stipa klemenzii Roshev.	02020045	
大针茅	Stipa grandis P. Smirn.	02020046	新增
芦苇	Phragmites communis	02020047	
寸草苔	Carex duriuscula C. A. Mey.	02020048	
老麦芒	Elymus sibiricus	02020049	
沙生针茅	Stipa glareosa P. Smirn.	02020050	
芨芨草	Achnatherum splendens	02020051	
禾本科其他	/	02029999	
矮蒿草	Kobresia humilis	02030001	
高山蒿草	Kobresia vidua	02030002	
二柱头蔍草	Scirpus distigmaticus(Kukenth.)Tang et Wang	02030003	
干生苔草	Cyperaceae	02030004	
苔草	Carex tristachya	02030005	新增
脚苔草	Cyperaceae Pediformis	02030006	
麻根苔草	Carex arnellii Christ ex Schultz	02030007	
日阴菅	Carex pediformis	02030008	
莎草科其他	/	02039999	
冷蒿	Artemisia frigida Willd	02040001	
矮葱	Allium anisopodium Ledeb	02040002	
细叶葱	Allium tenuissimum(l.)	02040003	
木地肤	Kochia prostrata(l.)Schrad	02040004	
蒿草	Artemisia argyi Levl	02040006	
猪毛蒿	Artemisia scoparia Waldst. et Kit.	02040007	
马菜	Dianthrus spiculifolius Schur	02040013	
尖叶丝石竹	Dianthrus spiculifolius Schur	02040013	
南艾蒿	Artemisia verlotorum Lamotte	02040015	新增
裂叶蒿	Artemisia tanacetifolia Linn.	02040016	
东北牡蒿	Artemisia manshurica	02040017	
全叶马兰	Kalimeris integrtifolia Turcz. Ex DC.	02040018	
大籽蒿	Artemisia sieversiana	02040019	
茵陈蒿	Artemisia capillaries	02040020	

续表

牧草名称	拉丁学名或英文名	编码	说明
蒌蒿	Artemisia selengensis Turcz. ex Bess	02040021	
蓖齿蒿	Artemisia pectinata Pall. ,Neopallasia pectinata（Pall.）Poljak	02040022	
沙蒿	Artemisia desterorum Spreng	02040023	新增
千叶耆	Achilleaspp	02040024	
旱蒿	Artemisia xerophytica	02040025	
再生草	/	02050001	
混合草	/	02050002	
灌丛	/	02050003	
杂草	/	02050004	
霸王	Zygophyllum xanthoxylum	02060001	
白刺	Nitraria tangutorum	02060002	
红砂	Reaumuria songarica（Pall.）Maxim	02070001	
毛茛	Ranunculus japonicus Thunb.	02070002	
老鹳草	Geranium wilfordii Maxim.	02070003	新增
草莓	Fragaria ananassa Duchesne	02070004	
其他	/	02999999	

B5.3　植物动物名称编码表

植物动物名称编码包括草本植物、木本植物名称和候鸟、昆虫和两栖动物名称的编码，采用 8 位编码方式（$P_1 P_1 P_2 P_2 P_3 P_3 P_3 P_3$），详见表 B5.3 至表 B5.5。其中：

$P_1 P_1$：植物动物类编码，固定编码 03；

$P_2 P_2$：类别编码，草本编码 01、木本编码 02、动物编码 03；

$P_3 P_3 P_3 P_3$：植物、候鸟、昆虫和两栖动物名称编码。

表 B5.3　草本植物名称编码（P 编码）

植物名称	拉丁学名或英文名	编码	说明
马蔺	Iris ensata	03010101	
蒲公英	Taraxacum officinale	03010201	
野菊花	Cyrysanthemum indicum	03010202	
苍耳	Xanthium sibiricum	03010203	
车前	Plantago asiatica	03010301	
芍药	Paeonia lactifiora	03010401	
莲	Nelumbo nucifera	03010501	
芦苇	Phragmites communis	03010601	
藜	Chenopodium album	03010701	

续表

植物名称	拉丁学名或英文名	编码	说明
马尼拉草	Zoysia matrella(L.)Merr.	03018001	
马鞭草	Verbena officinalis	03018002	
铁线草	Cynodon dactylon(L.)Pers	03018003	
竹子	Bambusoideae	03018004	
荷花	Nelumbo nucifera	03018005	
密蒙花	Buddleja Officinalis Maxim.	03018006	
苦刺花	Sophora viciifolia Hance	03018007	
黄栀(黄枝子)	Gardenia jasminoides Ellis	03018008	
山莓(三月苞)	Rubus corchorifolius L. f.	03018009	
美人蕉	Canna indica	03018010	
黄菊花	TagetespatulaL.	03018011	
益母草	Leonurus artemisia(Lour.)S. Y. Hu in Sourn.	03018012	
地丁草	Corydalis bungeana	03018013	
忘忧草(金针菜)	Hemerocallis citrina	03018014	
寸草苔	Carex duriuscula C. A. Mey.	03018015	
苦苣	Cichorium endivia L.	03018016	
三棱草	Scirpus planiculmis Fr. Schmidt	03018017	
牛筋草(巴根草)	Eleusine indica(L.)Gaertn.	03018018	新增
冰草	Agropyron cristatum(Linn.)Gaertn.	03018019	
匍匐冰草	Agropyron repens	03018020	
老鹳草	Geranium wilfordii Maxim.	03018021	
千叶蓍	Achilleaspp.	03018022	
早熟禾	Poa annua L.	03018023	
苜蓿	Medicago Linn.	03018024	
黄花苜蓿	Medicago falcata L.	03018025	
黄芪	Leguminosae	03018026	
骆驼刺	Alhagi sparsifolia Shap	03018027	
苦豆子	Sophora alopecuroides L.	03018028	
老麦芒	Elymus sibiricus	03018029	
芨芨草	Achnatherum splendens	03018030	
艾草	Artemisia argyi Levl	03018031	
蕨麻	Potentilla anserina L.	03018032	
韭菜	Allium tuberosum Rottl.	03018033	
赖草	Leymus. var. secalinus	03018034	
萎陵菜	Herba Potentillae Chinensis	03018035	

植物名称	拉丁学名或英文名	编码	说明
毛茛	Ranunculus japonicus Thunb.	03018036	
草木犀	Melilotus officinalis L.	03018037	
羊茅	Festuca ovina L.	03018038	
针茅	Stipa capillata Linn.	03018039	
苔草	Carex montana	03018040	
拂子茅	Calamagrostis epigeios(L.)Roth	03018041	新增
毛草	/	03018042	
梭梭	Haloxylon	03018043	
蓟	thistle Herb	03018044	
细叶鸢尾	Iris tenuifolin Pall.	03018045	
其他草本	/	03019999	

表 B5.4　木本植物名称编码(P 编码)

植物名称	拉丁学名或英文名	编码	说明
桧柏	Juniperus chinensis	03020101	
侧柏	Thuja orientalis	03020102	
油桐	Aleurites forqii	03020201	
木油桐	Aleurites montana	03020202	
乌柏	Sapium sebiferum	03020203	
刺槐(洋槐)	Robinia pseudoacacia	03020301	
槐树	Sophora japonica	03020302	
合欢	Albizzia julibrissin	03020303	
紫穗槐	Amorphafruticosa	03020304	
皂荚	Gleditsia sinensis	03020305	
核桃	Juglans regia	03020401	
枫香	Liquidambar formosana	03020501	
木槿	Hibiscus syriacus	03020601	
楝树	Melia azedarach	03020701	
栓皮栎	Quercus variabilis	03020801	
牡丹	Paeonia suffruticoss	03020901	
木棉	Gossampinus malabarica	03021001	
玉兰	Yulan Magnolia	03021101	
紫丁香	Syringa oblata	03021201	

续表

植物名称	拉丁学名或英文名	编码	说明
桂花	Osmanthus fragrans	03021202	
白蜡	Fraxinus chinensis	03021203	
葡萄(无核白、黑葡萄、红葡萄、马奶子)	Vitis vinifera	03021301	
紫薇	Lagerstroemia Indica	03021401	
梨(白梨)	Pyrusbretschneideri Rehd.	03021501	
苹果	Malus pumila	03021502	
杏	Prunus armeniaca	03021503	
桃	Amygdalus persica Linn.	03021504	
山桃	Prunus davidiana	03021505	
巴旦姆	Badam	03021506	新增
海棠	Malus	03021507	
桑树	Morus alba	03021601	
构树	Broussonetia papyrifrea	03021602	
无花果	Ficus carica Linn.	03021603	
油茶	Camellia oleifera	03021701	
板栗	Castanea mollssima	03021801	
水杉	Metasequoia glyptostrobides	03021901	
枣树	Zizyphus jujuba	03022001	
栾树	Koelreutria paniculata	03022101	
梧桐	Firmiana simplex	03022201	
橙	Citrus sinensis	03022301	
柑	Citrus reticulata	03022302	
泡桐	Paulownia fortunei	03022401	
悬铃木	Platanus orientalis	03022501	
旱柳(柳树)	Salix matsudana	03022601	
垂柳(垂杨)	Salix babylonica	03022602	
毛白杨(白杨)	Populus tomentosa	03022603	
小叶杨	Populus simonii	03022604	
加拿大杨	Populus canadensis	03022605	
中东杨	Populus berolinensis Dippel	03022606	
北京杨	Populus beijingensis W. Y. Hsu	03022607	新增
大叶杨	Populus lasiocarpa Oliv.	03022608	

植物名称	拉丁学名或英文名	编码	说明
毛白杨♀	Populus tomentosa	03022609	
毛白杨♂	Populus tomentosa	03022610	
胡杨	Populus euphratica	03022611	
新疆杨	Populus alba	03022612	
棉白杨	Populus	03022613	
加拿大杨♀	Populus canadensis	03022614	
加拿大杨♂	Populus canadensis	03022615	
银杏	Ginkgo biloba	03022701	
榆树	Ulmus pumila	03022801	
沙枣	Elaeagnus angustifolia Linn.	03022901	
蜜禹梨	Pyrus spp	03028009	
西洋梨	Pyrus spp	03028010	
短把梨	Pyrus spp	03028011	
密香梨	Pyrus spp	03028012	
芒果	Mangifera indica	03028013	
石榴	Punica granatum L.	03028014	
橡胶	Hevea brasiliensis	03028016	
番荔枝	Annona squamosa	03028017	新增
枇杷	Riobotrya japonica（Thunb.）Lindl	03028018	
皂角	Gleditsia sinensis Lam.	03028019	
花椒	Zanthoxylum bungeanum Maxim	03028020	
酸角	Tamarindus indica Linn.	03028021	
万年青	Rohdea japonica	03028022	
樱桃	Cerasus serrulata	03028023	
榕树（泼树）	Ficus microcarpa Linn. f.	03028024	
芭蕉树	Musa basjoo	03028025	
凤凰树	Delonix regia	03028026	
山楂树	Crataegus pinnatifida	03028027	
大青树	Ficus hookeriana Corner	03028028	
柿	Diospyros kaki Thunb.	03028029	
山麻树	Commersonia bartramia（L.）Merr.	03028030	
河柳（大叶柳）	Salix chaenomeloides	03028031	
椿树	Ailanthus altissima（Mill.）Swingle	03028032	
秋树	Catalpabungei C. A. Mey	03028033	
李子树	Prunus cerasifera Ehrh.	03028034	

续表

植物名称	拉丁学名或英文名	编码	说明
木通	Akebia quinata	03028035	
托盘儿	Rubus crataegifolius Bunge	03028036	
夜合	Magnolia coco	03028038	
黄荆	Vitex negundo L.	03028039	
木瓜树	Chaenomeles sinensis(Thouin)Koehne	03028040	
漆树	Toxicodendron verniciflum	03028041	
香椿	Toona sinensis(A. Juss.)Roem.	03028042	
黄桷兰	Michelia champaca	03028043	
柚	Citrus maxima(Burm.)Merr.	03028044	
紫荆	Bauhinia blakeana Dunn.	03028045	
腊梅	Chimonanthuspraecox	03028046	
香樟	Cinnamomum camphora(L.)Presl.	03028047	
刺桐	ErythrinaindicaLam	03028048	
茶花	Camellia japonica L.	03028050	
红果树	Stranvaesia davidiana Dcne.	03028051	
苦楝	Melia azedarach L	03028052	
黄檀	Dalbergia hupeana Hance	03028053	
蔷薇	Rosa multiflora	03028054	新增
大叶榆	Ulmus laevis	03028055	
黑果枸子	Lycium ruthenicum Murr	03028056	
枸杞	Lycium chincnse Mill.	03028057	
槭树	Acer saccharum Marsh.	03028058	
榛树	Corylus heterophylla Fisch	03028059	
白柳	Salix alba L.	03028060	
馒头柳	Salix matsudana var. matsudana f. umbraculifera Rehd.	03028061	
银白杨	Populus alba L.	03028062	
钻天杨	Populus nigra L. cv. Italica	03028063	
山柏杨	Populus davrdrana	03028064	
箭秆杨	Populus nigra cv. Afghanica	03028065	
青杨	Populus cathayana Rehd.	03028066	
银芽柳	Salix Ieuopithecia Kimura	03028067	
夏橡	Quercus robur L.	03028068	
小叶白蜡	Fraxinus bungeana DC.	03028069	
大叶白蜡	Fraxinus rhynchophylla	03028070	
木地肤	Kochiaprostrata(L.)Schrad.	03028071	

续表

植物名称	拉丁学名或英文名	编码	说明
柽柳	Tamarix chinensis Lour.	03028072	
沙拐枣	Calligonum arborescens Litv.	03028073	新增
天山云杉	picea schrenkiana	03028074	
其他木本	/	03029999	

表 B5.5　候鸟、昆虫和两栖动物名称编码(P 编码)

候鸟昆虫动物名称	拉丁学名或英文名	编码	说明
蚱蝉	Cryptotympana atra	03030101	
大杜鹃(布谷鸟、布谷)	Cuculus micropterus	03030201	
四声杜鹃	Cuculus canorus canorus	03030202	
黄鹂	Oriolus chinensis diffusus	03030301	
蜜蜂	Apis mellifera	03030401	
蛙	Rananigromacualta	03030501	
蟋蟀	Cryllulus cninensis	03030601	
豆雁	Anser fabalis serrirostris	03030701	
大雁(灰雁)	Anser anser	03030702	新增
楼燕	Apusapuspekir ensis	03030801	
家燕	Hirundo rustica gutturalis	03030802	
金腰燕	Hirundo daurica japonica	03030803	
蟾蜍	toad	03030804	
蝼蛄	Gryllotalpa	03030805	
戴胜	Upupa epops	03030806	
云雀	Alauda arvensis	03030807	新增
八哥(黑八鸟)	Acridotheres cristatellus	03030808	
喜鹊	Picapica	03030809	
白鹡鸰	Motacilla alba	03030810	
紫翅椋鸟	Polophilus sinensis Stephens	03030811	
其他动物	/	03039999	

B5.4　灾害名称编码表

主要农业气象灾害名称编码采用 4 位编码方式($V_1 V_1 V_2 V_2$),详见表 B5.6(a、b)。其中:

$V_1 V_1$:灾害类别编码,包括天气灾害、农业气象灾害、牧业气象灾害和病虫害;

$V_2 V_2$:灾害子类别编码。

表 B5.6(a)　天气、农(牧)业气象灾害编码(V 编码表)

天气灾害	编码	农(牧)业气象灾害	编码
干旱	0101	冷害(低温冷害)	0201
洪涝	0102	冻害	0202
暴雨	0103	霜冻	0203
热带气旋	0104	寒露风	0204
大风	0105	渍害	0205
龙卷风	0106	连阴雨	0206
冰雹	0107	高温热害	0207
雷暴	0108	干热风	0208
霾	0109	风灾	0209
雾	0110	雪灾	0210
沙尘暴	0111	其他农业气象灾害	0299
浮尘	0112	黑灾	0301
台风	0113	白灾	0302
其他天气灾害	0199	冷雨	0303
		暴风雪	0304
		风沙	0305
		其他牧业气象灾害	0399

表 B5.6(b)　病虫害编码(V 编码表)

病害名称	编码	说明	虫害名称	编码	说明
稻瘟病	0401		稻飞虱	0501	
条锈病	0402		螟虫	0502	
白粉病	0403		粘虫	0503	
赤霉病	0404		蚜虫	0504	
黄枯病	0405		棉蚜	0504	
枯萎病	0406		蝗虫	0505	
黑粉病	0407		吸浆虫	0506	
菌核病	0408		红铃虫	0507	
白锈病	0409		棉铃虫	0508	
紫斑病	0410		麦蜘蛛	0509	
花叶病	0411		红蜘蛛	0510	
纹枯病	0412		食心虫	0511	
叶斑病	0413		杂食性害虫	0512	
稻曲病	0450		纵卷叶螟	0513	
白叶枯病	0451		卷叶虫	0550	
条斑病	0452	新增	杂食性害虫	0551	
胡麻斑病	0453		褐稻虱	0552	
叶瘟病	0454		稻蓟马	0553	
穗茎瘟	0455		三化螟	0554	
其他病害	0499		稻蝗	0555	新增
			稻眼蝶	0556	
			稻瘿蚊	0557	
			稻褐椿象	0558	
			卷虫病	0559	
			金针虫	0560	
			其他虫害	0599	

B5.5 气象水文现象编码表

气象水文现象编码采用 4 位编码方式($H_1 H_1 H_2 H_2$),详见表 B5.7。其中:

$H_1 H_1$:气象水文现象类别编码,包括霜、雪、雷声等现象;

$H_2 H_2$:气象水文现象子类别编码。

表 B5.7 气象水文现象编码(H 编码表)

名称 $H_1 H_1$ $H_2 H_2$		00	01	02	03	04	05	06
霜	01	出现	终霜	初霜				
雪	02	出现	终雪	开始融化	完全融化	初雪	初次积雪	
雷声	03	出现	初雷	终雷				
闪电	04	出现	初见	终见				
虹	05	出现	初见	终见				
严寒开始	06		开始结冰					
土壤表面	07		开始解冻	开始冻结				
池塘	08		开始解冻	完全解冻	开始冻结	完全冻结		
湖泊	09		开始解冻	完全解冻	开始冻结	完全冻结		
河流	10		开始解冻	完全解冻	开始冻结	开始流冰	流冰终止	完全冻结

B5.6 作物产量因素编码表

作物产量编码采用 2 位编码方式($F_1 F_1$),详见表 B5.8。

表 B5.8 作物产量因素编码(F 编码表)

作物	01	02	03	04	05	99
稻类	一次枝梗数	结实粒数				其他
麦类	分蘖数	大蘖数	小穗数	结实粒数	越冬死亡率	其他
玉米	茎粗	果穗长	果穗粗	秃尖长	双穗率	其他
棉花	伏前桃数	伏桃数	秋桃数	单铃重	果枝数	其他
油菜	一次分枝数	荚果数				其他
大豆	一次分枝数	荚果数				其他
蚕豆	一次分枝数	荚果数				其他

B5.7 作物产量结构编码表

作物产量编码采用 2 位编码方式($S_1 S_1$),详见表 B5.9。

表 B5.9　作物产量结构编码(S 编码表)

作物	11	12	21	22	23	31	32	41	42	43	44	51	52	53	54	55	56	99
稻类	理论产量		穗粒数	株成穗数	穗结实粒数				千粒重	茎秆重		籽粒与茎秆比	空壳率	秕谷率		成穗率		其他
麦类	理论产量		穗粒数	株成穗数	小穗数				千粒重	茎秆重		籽粒与茎秆比	不孕小穗率			成穗率		其他
玉米	理论产量					果穗长	果穗粗	株籽粒重	百粒重	茎秆重		籽粒与茎秆比	秃尖比					其他
棉花	子棉理论产量		株铃数			纤维长		株籽棉重		棉秆重		籽棉与棉秆比	僵烂铃率	未成熟铃率	蕾铃脱落率	霜前花率	衣分	其他
油菜	理论产量		株荚果数					株籽粒重	千粒重	茎秆重		籽粒与茎秆比						其他
大豆	理论产量		株荚数		株结实粒数			株籽粒重	百粒重	茎秆重		籽粒与茎秆比	空秕荚率					其他
花生	荚果理论产量		株荚果数					株荚果重	百粒重	茎秆重		荚果与茎秆比	空秕荚率			出仁率		其他
芝麻	理论产量		株蒴果数					株籽粒重	千粒重	茎秆重		籽粒与茎秆比						其他
向日葵	理论产量					花盘直径		株籽粒重	千粒重	茎秆重		籽粒与茎秆比	空秕率					其他
甘蔗	理论产量					茎长	茎粗	锤度		茎鲜重								其他
甜菜	理论产量							株块根重	锤度									其他
高粱	理论产量							穗粒重	千粒重	茎秆重		籽粒与茎秆比						其他
谷子	理论产量							穗粒重	千粒重	茎秆重		籽粒与茎秆比	空秕率					其他
甘薯	理论产量							株薯块重		鲜蔓重		薯与茎比	屑薯率			出干率		其他
马铃薯	理论产量							株薯块重		鲜茎重		薯与茎比	屑薯率					其他

续表

作物	11	12	21	22	23	31	32	41	42	43	44	51	52	53	54	55	56	99
烟草	理论产量							株脚叶重	株腰叶重	株顶叶重	株叶片重							其他
苎麻	纤维理论产量					工艺长度		株纤维重								出麻率		其他
黄麻	纤维理论产量					工艺长度		株纤维重								出麻率		其他
红麻	纤维理论产量					工艺长度		株纤维重								出麻率		其他
亚麻	纤维理论产量	籽粒理论产量		株蒴果数		工艺长度		株子粒重	千粒重	株纤维重						出麻率		其他
蚕豆	理论产量			株荚数	株结实粒(率)数			株子粒重	百粒重	茎秆重				籽粒与茎秆比	空秕荚率(数)			其他

B5.8 田间工作项目编码表

田间工作项目编码采用 4 位编码方式($W_1 W_1 W_2 W_2$),详见表 B5.10。其中:

$W_1 W_1$:田间工作类别编码,包括整地、播种、移栽、田间管理等方式;

$W_2 W_2$:田间工作项目名称编码。

表 B5.10 田间工作项目编码(W 编码表)

工作类别	项目名称	编码	说明
整地	耕地(平地)	0101	
整地	镇压(板地、耱地、垄作、打埂)	0102	
整地	耙地(犁地、犁田、犁耙、翻田)	0103	
整地	开沟整畦(挖沟、开沟、整畦)	0104	
整地	露田	0105	新增
整地	烤田	0106	
整地	其他	0199	
播种、移栽	种子处理(催芽、晾芽、浸水、选种、泡种、浸种、浸种消毒)	0201	
播种、移栽	大田播种(播种、下种)	0202	
播种、移栽	育秧(育苗、放苗)	0203	
播种、移栽	移栽(移植)	0204	

续表

工作类别	项目名称	编码	说明
播种、移栽	补播	0205	
播种、移栽	间套种作物播种	0206	
播种、移栽	其他	0299	
田间管理	间苗	0301	
田间管理	定苗	0302	
田间管理	中耕(除草、锄草、培土、松土)	0303	
田间管理	整枝摘心	0304	
田间管理	施肥(追肥、基肥、施面肥、施秧肥、施粪)	0305	
田间管理	灌溉(本田灌溉、灌水、喷灌、滴灌、漫灌)	0306	
田间管理	排水	0307	
田间管理	晒田	0308	
田间管理	防治病虫害(预防病虫害、预防病害、预防虫害)	0309	
田间管理	灾害天气防御	0310	
田间管理	灾害天气补救措施	0311	
田间管理	人工授粉	0312	
田间管理	去杂	0313	
田间管理	去劣	0314	
田间管理	去雄	0315	
田间管理	割叶	0316	
田间管理	防虫	0317	
田间管理	治虫	0318	
田间管理	防病	0319	
田间管理	治病	0320	
田间管理	防治虫害	0321	
田间管理	防治病害	0322	
田间管理	整田	0323	
田间管理	耙田	0324	
田间管理	建棚	0325	
田间管理	建育苗池	0326	
田间管理	补苗	0327	
田间管理	泡种	0328	
田间管理	收割	0329	
田间管理	浇水	0330	
田间管理	打塘	0331	

工作类别	项目名称	编码	说明
田间管理	剪枝	0332	
田间管理	剪叶	0333	
田间管理	覆盖	0334	
田间管理	揭膜	0335	
田间管理	施除草剂(打除草剂)	0370	
田间管理	做秧沟	0371	
田间管理	起秧畦	0372	
田间管理	催芽	0373	
田间管理	整芽(打杂芽)	0374	
田间管理	施农药(施杀虫剂、施药、喷药、喷农药、打药、杀虫、灭虫)	0375	新增
田间管理	打秧(扯秧、打苗、打顶、锄苗、拔株、拔秧)	0376	
田间管理	防寒	0377	
田间管理	上架	0378	
田间管理	盖草灰	0379	
田间管理	复水	0380	
田间管理	删密补稀	0381	
田间管理	摘花	0382	
田间管理	收花	0383	
田间管理	封口	0384	
田间管理	开盖	0385	
田间管理	打腿	0386	
田间管理	其他	0399	
收获	收获	0401	
收获	收秆(拔秆)	0402	新增
收获	停止生长	0403	
收获	收获果穗	0404	
其他	其他	9999	

B5.9 作物发育期编码表

作物发育期编码采用 2 位编码方式($E_1 E_1$),详见表 B5.11。

表 B5.11 作物发育期编码(E 编码表)

作物	01	11	21	22	31	32	33	41	51	52	61	62	71	72	73	81	82	83	91	92
稻类	未	播种	出苗	三叶	移栽			返青	分蘖	拔节	孕穗		抽穗			乳熟			成熟	
麦类	未	播种	出苗	三叶	分蘖			越冬开始	返青	起身	拔节	孕穗	抽穗	开花		乳熟			成熟	

续表

作物	01	11	21	22	31	32	33	41	51	52	61	62	71	72	73	81	82	83	91	92
玉米	未	播种	出苗		三叶			七叶			拔节		抽雄	开花	吐丝		乳熟		成熟	
棉花	未	播种	出苗		三真叶			五真叶			现蕾		开花		*开花盛期	裂铃	吐絮	*吐絮盛期	停止生长	
油菜	未	播种	山苗		五真叶			移栽	成话		现蕾		抽薹		*开花盛期	开花	绿熟		成熟	
大豆	未	播种	出苗		三真叶				分枝				开花			结荚	鼓粒		成熟	
花生	未	播种	出苗		三真叶				分枝							开花	下针		成熟	
芝麻	未	播种	出苗	分枝	现蕾			开花	蒴果形成										成熟	
向日葵	未	播种	出苗	二对真叶	花序形成			开花											成熟	
新植蔗	未	播种	出苗					分蘖	茎伸长										工艺成熟	
宿根蔗	未		发芽		发株				茎伸长										工艺成熟	
甜菜	未	播种	出苗		三对真叶				块根膨大										工艺成熟	
高粱	未	播种	出苗		三叶			七叶			拔节		抽穗	开花		乳熟			成熟	
谷子	未	播种	出苗		三叶			分蘖			拔节		抽穗			乳熟			成熟	
甘薯	未				移栽	成活		薯蔓伸长	薯块形成										可收	
马铃薯	未	播种	出苗						分枝		花序形成			开花					可收	
烟草	未	播种	出苗		二真叶	四真叶	七真叶	移栽	成活	团棵	现蕾								工艺成熟	
苎麻(种子)	未	播种	出苗	二对真叶	五对真叶			移栽	成活	伸长									工艺成熟	
苎麻(宿根)	未		发芽	茎叶	伸长														工艺成熟	
黄麻	未	播种	出苗		三真叶						现蕾			开花					工艺成熟	
红麻	未	播种	出苗		三裂掌状叶						现蕾			开花					工艺成熟	

作物	01	11	21	22	31	32	33	41	51	52	61	62	71	72	73	81	82	83	91	92
亚麻	未	播种	出苗	二对真叶							现蕾	枞形		开花		工艺成熟			种子成熟	
牧草	未		出苗	返青	分蘖	展叶		分枝形成	新枝形成	抽穗	花序形成		开花			果实成熟			种子成熟	黄枯
蚕豆	未	播种	出苗	二对真叶					分枝				开花			结荚	鼓粒		成熟	

注:带 * 为新增的发育期;新增编码"83"。

B5.10　物候期编码表

植物动物物候期编码采用 2 位编码方式($D_1 D_1$),每个编码对应一个物候期及相应的物候子期,如"芽膨大期"→"花芽"编码为 11,详见表 5.12。

表 B5.12　植物、候鸟、昆虫和两栖动物物候期编码(D 编码表)

编码	木本植物		草本植物		候鸟、昆虫、两栖动物
	物候期	物候子期	物候期	物候子期	
11	芽膨大期	花芽	萌芽期		始见
12	芽膨大期	叶芽			终见/绝见
13	芽开放期	花芽			始鸣
14	芽开放期	叶芽			终鸣
21	展叶期	始期	展叶期	始期	
22	展叶期	盛期	展叶期	盛期	
31	花蕾或花序出现期				
41	开花期	始期	开花期	始期	
42	开花期	盛期	开花期	盛期	
43	开花期	末期	开花期	末期	
51	第二次开花期				
61	果实或种子成熟期		果实或种子成熟期	始期	
62			果实或种子成熟期	完全成熟期	
71	果实或种子脱落期	始期	果实脱落或种子散落期		
72	果实或种子脱落期	末期			
81	叶变色期	始期	叶变色期		
82	叶变色期	完全变色期			
91	落叶期	始期	黄枯期	始期	
92	落叶期	末期	黄枯期	普遍期	
93			黄枯期	末期	

B5.11　牧事活动编码表

牧事活动名称编码采用 2 位编码方式($A_1 A_1$),详见表 5.13。

表 B5.13　牧事活动名称编码表(A 编码表)

编码	活动名称
01	剪毛
02	抓绒
03	挤奶
04	配种
05	驱虫
06	药浴
07	打草
08	产仔
09	分群
10	去势
11	断尾
12	转场
98	其他

B6　版本修订说明

B6.1　新增上传内容

增加了植株分器官干物质重量(CROP—08)、大田生育状况基本情况(CROP—09)、大田生育状况调查内容(CROP—10)、土壤冻结与解冻(SOIL—05)、土壤重量含水率(SOIL—06)、干土层与地下水位(SOIL—07)、家畜羔羊重调查(GRASS—07)、畜群基本情况调查(GRASS—08)、牧事活动调查(GRASS—09)、草层高度测量(GRASS—10)和植物灾害(DISA—05)观测数据上传内容。

B6.2　新增年度数据文件

增加了台站农业气象观测年度数据文件的制作与上传要求。

B6.3　补充观测项目及编码

补充了牧草、植物、候鸟、昆虫、两栖动物以及主要田间管理等项目及编码内容。

附录 C

农业气象观测质量考核办法（试行）

（中国气象局 气候发〔1997〕25号）

C1 目的

农业气象观测是农业气象业务服务工作的基础,质量考核的目的在于及时了解台站及观测人员的观测质量情况,总结经验,引导农业气象观测人员认真钻研业务技术,促进农业气象观测业务技术水平和业务质量稳定提高。

C2 考核范围

1. 农业气象观测

包括作物分册、土壤水分分册、自然物候分册、畜牧分册的各项观测内容。其他观测项目由各省(区、市)气象局制定相应的质量考核办法进行考核,其工作基数和错情可计入连续百班无错情质量考核,但不计入本考核办法所要求上报的工作基数和错情中,也不参与连续二百五十班无错情质量考核。

2. 农业气象报表

包括农气表-1、农气表-2-1、农气表-2-2、农气表-3、农气表-4。

3. 农业气象电报

气象(旬)月报电码(包括地方补充段)和土壤湿度加测报电码的各项编报内容。

C3 考核内容和统计方法

1. 责任性错误

凡由于失职而造成的错误为责任性错误。

(1)伪造、涂改原始记录或电报:伪造、涂改原始记录或电报每发生一次计15个错情。

(2)丢失或毁坏原始记录:丢失或毁坏原始记录(以观测簿一页以上无法辨认为准),每发生一次计10个错情。

(3)缺测:缺测某一项目或某次重要农业气象灾害、病虫害发生过程的记载等,计10

个错情。

(4)缺报:漏发整份电报并在规定时限内(旬末次日北京时间 09:00 前,以下同)未补发者,计 5 个错情。

(5)早、迟测:各项观测不按规定时间进行,提早或推迟观测,每发生一次计 2 个错情。

(6)报表未制作:一份报表计 10 个错情。

责任性错误系严重违反观测纪律的行为,对当事者应根据情节轻重、危害大小、本人态度等情况,给予必要的行政处分;对该台站也应采取相应措施,促进其加强管理。具体办法由各省(区、市)气象局制定。

2. 漏测错情

(1)凡需进行几个重复或多个样本观测的项目,如果有一个或几个重复、样本未进行观测,按漏测计算错情。每漏测一个重复或样本计 3 个错情。

(2)土壤水分观测时,如果有一个或几个层次未进行测定,按漏测计算错情。每漏测一个层次计 5 个错情。

3. 观测错情

(1)目测错情:经集体讨论或上级业务部门检查,确定在观测选点、取样代表性、观测标准掌握等方面有明显差错的,错一项算 1 个错情。

(2)器测错情:凡量测错、仪器(表)读数错等,每错一项计 1 个错情,影响错不另算错情。

(3)计算错情:各种统计查算错,每错一项计 1 个错情。影响错同(2)规定。

4. 簿表错情

(1)各类簿表不按规定格式或名称等记录,每项计 1 个错情。

(2)各类报表凡未按规定进行制作、复算、抄录及校对,每错一项计 1 个错情。

(3)校对人对被校对记录的错情未校对出,而被预审员或其他人员发现,每一个具体项目校对者和被校对者各算 0.5 个错情。

(4)预审员应按《农业气象观测规范》的规定,认真预审原始记录和全部报表,在作物收获或年度观测结束后三个月内上报报表,未按时完成报出,每超过上报日期一天对预审员计 1 个错情(以邮戳为准)。

(5)审核员对观测报表审核出的错,每项给预审员计 1 个错情。

5. 发报错情

(1)超过规定发报时间(旬末次日 03:00 点前,少数夜间发报确有困难的边远台站为旬末次日 08:00 前)为过时报,每发生一次算 2 个错情。

(2)编发电报时,凡编错一组计 1 个错情;每漏发、多发一组计 1 个错情;凡出现倒组情况,每次计 1 个错情。

(3)若编报有错,在规定过时报的时限内(旬末次日 09:00 前)拍发了更正电报者,每一份电报只计 0.5 个错情。

（4）由于观测错而导致的发报错情，发报错不重复计算错情。

C4 基数和计算办法

为使观测质量的考核有相对比较性，规定各项工作基数。

1. 农业气象观测

（1）作物分册

① 每次绘制观测地段综合平面示意图和地段分区、各测点分布示意图及观测地段说明分别计 20、10、10 个基数。

② 每个发育期过程（含始期、普遍期和末期）观测计 10 个基数（但分蘖盛期、有效分蘖终止期、开花盛期、吐絮盛期分别计算）。

③ 每次高度、密度测定均计 10 个基数。

④ 每次进行产量因素测定时，各项内容分别计 10 个基数。

⑤ 每次大田生育状况调查计 40 个基数（含 2 种类型产量水平的调查点）。

⑥ 每次巡视观测、生长状况评定计 3 个基数。

⑦ 叶面积、干物质重量、灌浆速度每次测定分别计 30 个基数。

⑧ 各种作物产量结构分析测定每个项目计 8 个基数。

⑨ 田间取样和地段实产分别计 10 个和 20 个基数。

⑩ 每次观测地段灾害观测、大范围灾害调查（含两种灾情类型的田块）分别计 10 个和 40 个基数。

⑪ 每次田间工作记载分别计 3 个基数。

⑫ 作物生育期间农业气象条件鉴定计 25 个基数。

（2）土壤水分分册

① 固定地段土壤湿度

中子仪测定每次计 25 个基数。

采用土钻进行测定，1 米深观测地段四个重复每次测定计 60 个基数，50 厘米深观测地段四个重复每次测定计 30 个基数。

加测土壤湿度时，由于只测两个重复，其工作基数根据所测深度相应减半。

② 作物观测地段

四个重复每次测定计 30 个基数。加测土壤湿度规定同上。

③ 每次地下水位深度、干土层厚度、降水渗透深度测定、农田土壤冻结和解冻观测均计 5 个基数。

④ 测定 200、100、50 厘米深土壤容重、凋萎湿度（包括挖土壤剖面坑）和田间持水量分别计 200、200、400；150、150、300；100、100、200 个基数。

⑤ 土壤剖面登记计 10 个基数。

⑥ 中子仪测定土壤湿度的田间标定计 150 个基数。

⑦ 观测地段说明和土壤水分变化评述分别计 10 个和 15 个基数。

(3)自然物候分册

① 每个物候期过程(含始期、盛期等)观测计 10 个基数。

② 观测记载候鸟、昆虫、两栖动物的始见、始鸣计 10 个基数;每次观测记载其绝见、终鸣计 5 个基数。

③ 每次各项气象水文现象的观测计 5 个基数。

④ 各种观测植物地理环境和物候分析均计 10 个基数。

(4)畜牧气象分册

① 每个物候期过程(含始期、普遍期等)观测计 10 个基数。

② 生长高度、草层高度、再生草高度、灌木、半灌木新生枝条长度每次测定计 10 个基数。

③ 每次牧草覆盖度观测计 5 个基数;每次灌木、半灌木密度测定计 20 个基数。

④ 每次牧草产量测定、再生草产量测定分别计 60 个和 10 个基数。

⑤ 每次巡视观测、草层状况评定均计 3 个基数。

⑥ 每次采食度评价、家畜采食率概算分别计 5 个和 10 个基数。

⑦ 每次放牧家畜膘情观测调查计 30 个基数。

⑧ 每次牧事活动生产性能调查计 3 个基数。

⑨ 每次牧草气象和病虫害的观测、大范围灾情调查分别计 10 个和 40 个基数。

⑩ 每次家畜气象灾害和病虫害的观测调查计 40 个基数。

⑪ 观测地段、放牧场观测点说明和天气、气候条件对牧草、家畜影响评述分别计 10 个和 20 个基数。

1. 农业气象报表

项目	制作	复算	抄录一份	校对一份
农气表-1	60	20	20	15
农气表-2-1	60	20	20	15
农气表-2-2	70	25	25	15
农气表-3	40	10	10	10
农气表-4	60	20	20	15

3. 农业气象电报

气象旬(月)报电码和土壤湿度加测报电码,每编发 1 组计 0.7 个基数。

编报气象旬(月)报电码基本气象段时,对于农业气象观测站,如果省(区、市)气象局规定基本气象段由农业气象人员编发,则按此考核办法进行考核,编报质量由农业气象业务管理部门负责,如果由地面观测人员编发,则按地面气象观测质量考核办法进行考核,其编报质量由地面测报管理部门负责;对于不承担农业气象观测任务,只负责拍发气象旬

（月）报电码部分段的台站，AB 报的编发质量按地面观测质量考核办法进行考核并由地面测报管理部门负责管理。

4.质量考核统计

（1）观测、报表、发报的工作基数和错情分别统计。

工作基数＝观测基数＋报表基数＋发报基数

错情个数＝观测错情＋报表错情＋发报错情

按照错情千分比的计算方法统计，取二位小数，第三位小数四舍五入。

个人错情千分比＝（个人错情个数/个人工作基数）×1000‰

站（组）错情千分比＝[站（组）错情个数总和/站（组）工作基数总和]×1000‰

（2）个人和站（组）的错情和工作基数由站（组）负责核实后登记，定期进行考核，统计错情千分比。同时站（组）要进行质量分析，检查错情原因，总结经验教训，提出改进措施。

C5　测报质量优秀者奖励办法

1.个人连续 2000 个工作基数无错情时，可报请评定连续百班无错情。连续 6000 个工作基数无错情可报请评定连续 250 班无错情。

2.个人连续 3000 个工作基数只出现≤1.0 个错情的可报请评定连续百班无错情。连续达到 8000 个基数只出现≤1.0 个错情的可报请评定连续 250 班无错情。

3.连续预审 10 种报表经审核后无错情，可报请评定百班无错情，连续预审 30 种报表经审核后无错情可报请连续 250 班无错情。连续预审 15 种报表只出现 1 个错情可报请评定连续百班无错情，连续预审 40 种报表，只出现 1 个错情可报请评定连续 250 班无错情。

4.连续百班、250 班无错情的评比条件、组织实施、申报、验收和授奖等按《气象测报开展创优质竞赛及奖励'质量优秀测报员'授奖办法》执行。

C6　质量管理

1.农业气象观测业务由各级农业气象业务管理部门按照分级管理的原则负责进行管理。中国气象局管理一级农业气象基本观测站业务质量，二级农业气象基本观测站的业务质量由各省（区、市）气象局负责考核、管理。

2.农业气象观测质量以错情千分比进行考核。在对农业气象观测、报表、电码分别进行质量统计的基础上，统计农业气象测报质量。测报质量总目标值为错情率小于千分之二（2.00‰）。

3.农业气象观测质量目标应纳入各省（区、市）气象局业务工作目标管理。

4.各省（区、市）气象局于每年 4 月底前和 11 月底前分别对上一年度（1—12 月）和去年 11 月至今年 10 月的农业气象观测业务质量进行系统、全面的检查总结，将全省（区、市）一级农业气象基本观测站的观测、发报、报表质量情况汇总，逐项统计填写一级农业气象基本观测站质量考核表,实事求是地对全省观测质量总体情况和质量优秀站和较差站进行全面分析,上报中国气象局气象服务与气候司。各台站观测质量考核时间、台站和地区(市)气象局上报时间和报送单位、数量由各省(区、市)气象局确定。

5.业务管理部门通过"质量通报"和表彰"质量优秀测报员"的办法对农业气象观测业务质量实施监控。中国气象局和各省(区、市)气象局对农业气象观测业务质量每年通报一次,中国气象局在对各单位上报材料进行综合复审的基础上,排列名次,每年5月份进行通报,省级每年4月份发布上年度农业气象观测业务质量通报。

农业气象测报工作纳入百班和250班无错情劳动竞赛。

C7　几点说明

1.如发现有责任性错误者,除按错情统计外,台站应及时弄清情况,对当事者进行批评教育,情节严重或屡教不改的要提出处理意见,报请省级业务主管部门审批。自出现责任性错误开始二年内不能参加"质量优秀测报员"评比,并在公布个人观测质量时加以说明。

2.损坏仪器虽不列入质量考核,但事情发生后要及时采取措施、分析原因、吸取教训、报上级业务部门。

3.有些观测项目工作量大,需几人同时进行时(如土壤湿度测定),该项目的工作基数由几个人平均分配;出现错情按以下办法处理:造成错情的责任者能分清的,由责任者单独承担,无法分清的,错情平均后由参与该项工作的同志共同承担。

4.台站必须严格执行《农业气象观测规范》各项要求,严格观测、校对、复算工作制度。

本考核办法自1997年7月1日起正式执行(1994年《农业气象观测规范》执行以来,新增项目按本考核办法统计工作基数和错情),原农业气象观测质量考核办法同时废止。

农业气象测报软件应用质量考核办法（试行）

（中国气象局　气测函〔2010〕324号）

D1　目的和要求

质量考核的目的在于及时了解台站测报人员使用农业气象测报软件工作的业务情况,总结经验教训,纠正错情,引导观测业务人员认真钻研业务技术,促进农业气象测报业务技术水平和业务质量提高。

质量考核必须坚持实事求是的工作态度,严格按照本办法进行考核,严禁弄虚作假。

本办法仅适用于使用农业气象测报系统软件的台站。

D2　考核范围

1.操作:包括各类观测记录簿(作物生育状况观测、作物生长量测定、大田生育状况调查、土壤水分测定、自然物候观测、牧草生长发育观测、牧草综合观测、家畜观测等)数据和土壤水文特性常数(土壤田间持水量、容重、凋萎湿度)的录入、创建农业气象电子观测簿(包括农气簿-1-1、农气簿-2-1、农气簿-3、农气簿-4-1等)、报表的封面信息录入、数据备份和数据维护等。

2.数据传输:包括中国气象局、省(区、市)气象局规定的农业气象观测数据(N、Z)文件的传输。主要有:作物、土壤水分、自然物候、畜牧、灾害、基本气象要素数据文件。

3.报表:包括预审和上报各类农业气象观测记录年报表。

D3　业务人员的考核内容及统计方法

1.重大差错

(1)伪造、擅自更改数据记录:伪造是指凭空捏造数据记录;擅自改动是指为掩盖错情而擅自修改数据记录致使记录失真。每发生一次计15个错情。

(2)丢失数据:丢失数据是指人为因素造成数据库信息丢失且无法从备份数据文件得到恢复的现象,每次计10个错情。

(3)缺传数据文件:应传数据文件因人为原因未及时上传而超过更正传输时效的为缺传数据文件,每发生一次计 2 个错情。

2. 操作错情

(1)录入错情:通过测报软件将农业气象观测簿中原始观测数据、年报表的封面信息、土壤水文特性(常数)录入到计算机,每错、漏一项(或一个数据,下同)计 0.4 个错情。

(2)其他操作错情:不按规定进行数据备份(有观测项目时每旬备份)和数据库维护(每月一次)的每次计 0.6 个错情;因操作不当而造成创建的农业气象电子观测簿有错,导致数据存储或传输数据文件出错,每出现一次计 1 个错情。人为造成传输数据文件格式错,每次计 1 个错情。

3. 文件传输错情

(1)多传数据文件:某时段内传输了不该传输的数据文件为多传数据文件,每份文件计 0.4 个错情。在正常传输时效内再次传输了应该传输的某数据文件不计错情。

(2)过时传输:在正常传输时效内未传输数据文件,而在更正传输时效内传输数据文件的为过时传输,每份数据文件计 1 个错情。

(3)更正传输:在更正传输时效内进行数据文件更正传输时,每份文件算 0.4 个错情。在正常传输时效内更正传输文件不算错情。

各类农业气象数据文件传输时限按《农业气象观测站上传数据文件内容与传输规范》(试行)中的数据上传时间规定执行。

4. 预审错情

(1)台站应在作物收获或年度观测结束后三个月内上报上年度报表(包括报表数据文件和纸质报表),每超过上报时限一天,则每份报表计 0.2 个错情。

(2)报表纸张不规范、打印字迹不清楚或有不整洁等现象而不符合档案部门接收要求时,每份计 1 个错情。

(3)审核发现的录入错情每项给预审员计 1 个错情。

5. 错情统计注意事项

(1)由于观测错而导致的录入数据、传输数据文件和报表错不统计错情。因缺测造成缺传数据文件的应统计错情。

(2)上年度的错情,当在下一年度中业务检查或质量优秀测报员验收期间被发现时,则合并统计在下一年度的错情中。

(3)录入人员的各类错情因下一班未校对出而被第三者或预审员发现的,录入和校对员各计一半错情。

D4　工作基数和计算方法

1. 工作基数

各项工作基数见表 D1。

表 D1　操作、数据传输和预审工作基数表

项目				基数（个）
操作	创建每份农业气象电子观测簿			8.0
	观测记录数据录入（每次）	作物生育状况观测	发育期观测（包括录入"未"。含生长状况评定）	2.0
			植株密度观测、产量因素测定、产量因素简便测定、植株生长高度测量和植株密度基准测量	5.0
			产量结构分析、产量结构分析单项和田间工作记载	6.0
			农业气象灾害观测和调查	6.0
		作物生长量测定	植株叶面积测定、植株叶面积分析和灌浆速度测定	5.0
			植株干物质重量测定	5.0
			农业气象条件鉴定	6.0
		大田生育状况调查	大田生育状况基本情况	6.0
			大田生育状况观测调查	5.0
		土壤水分测定	四个（二个）重复，观测深度50厘米	4.0(2.0)
			四个（二个）重复，观测深度100厘米	6.0(3.0)
			干土层厚度（含地下水位）、冻结和解冻	3.0
			降水或灌溉与渗透录入	2.0
			各土壤水文物理特性常数、土壤水分变化评述	6.0
		自然物候观测	气象水文现象、气象水文现象分项、木本植物、草本植物和候鸟昆虫两栖类动物物候观测	3.0
			植物地理环境、物候分析、植株受害情况和重要事项记载	6.0
		牧草生长发育观测	牧草发育期观测	2.0
			牧草生长高度测量	5.0
		牧草综合观测	草层高度测量、再生草草层高度测量、覆盖度草层采食状况、灌木半灌木密度测定和灌木半灌木覆盖度测定	3.0
			牧草、灌木分种产量测定	5.0
			牧草灾害观测	6.0
		家畜观测记录	群畜基本情况、家畜膘情等级和家畜羔羊重调查	6.0
			家畜灾害观测、牧事活动调查和牧草家畜影响评述	5.0
	备份数据和数据库维护			4.0
	每份观测记录年报表的封面信息、地段（或放牧场）说明和观测纪要录入；N文件和Z文件及观测要素数据文件生成			5.0
	录入旬（月）气象观测要素（每次）			6.0
数据传输	上传数据文件（每份）			5.0
预审	农气表（每份）			60.0

注：操作基数中包括当班录入和下班校对工作基数。表中以"、"分隔的项，每项对应的基数是表中所列基数。

2. 测报错情和错情比的计算

（1）操作、数据传输工作基数和错情应分别统计。

（2）个人或站测报错情比，是各项测报错情数与其对应的基数之比值。除分别统计操作、数据传输错情比外，还应统计其综合错情比。

(3)测报错情比以千分率表示,千分率取二位小数,第三位四舍五入。计算公式为:

$$测报质量＝(错情数/工作基数)×1000‰$$

(4)个人和站(组)质量由站(组)负责核实后登记,定期进行考核。定期开展质量分析,检查错情原因,总结经验教训,提出改进措施。

D5　台站(组)考核内容、统计方法及有关说明

1. 考核内容

台站(组)的测报错情,应是本站(组)无法更正的出站错情,它包括:责任性错误发生次数及折算的错情数;各种文件传输错情;由预审员统计的报表缺报、迟报错情;在省(区、市)气象局发质量通报前被上级部门查出的错情等。

2. 统计方法

台站测报工作基数是全台站测报人员操作和数据传输工作的基数之和。错情、错情率精度和测报错情比计算方法同上。其他错情的原因需在质量考核表备注栏中备注。

3. 有关说明

(1)预审工作基数及错情单独纳入质量优秀测报员考核,不能与个人测报质量合并统计。预审错情计入站(组)测报质量的统计。质量报告之后统计的预审错情应进行补充填报。

(2)向中国气象局上报的省(区、市)和台站(组)测报质量报告表格式见附件 D1 和 D2。

(3)台站(组)报表出站质量情况由上级审核部门查审后评价和公布。

(4)本办法未列业务质量考核项目仍按 1997 年 5 月下发的《农业气象观测质量考核办法》(试行)执行。

(5)本办法自 2011 年 1 月 1 日起执行。

附件 D1:

农业气象测报软件应用业务省(区、市)测报质量考核表

填报单位:　　　　　　　　　　　　　　　　　　　　　　年　月至　月

项目		总计	简要说明
责任性错情 (次数)	伪造更改		
	丢损数据		
	缺传数据文件		
	其他		
操作错情			
数据传输错情			
预审错情			
其他错情			
错情总和			
操作基数			
数据传输基数			
基数合计			
千分比			

附件 D2：

农业气象测报软件应用业务台站（组）测报质量考核表

填报台站：　　　　　　　　　　　　　　　　　　　　　　年　月至　月

姓名	责任性错情（次数）				操作错情	数据传输错情	其他错情	错情合计	操作基数	数据传输基数	基数总计	千分比（‰）	预审基数
	伪造更改	丢损数据	缺传数据文件	其他									
													预审簿表份数
													预审错情
合计													预审员
备注													

附录 E

自动土壤水分观测业行质量
考核办法（试行）

（中国气象局　气测函〔2010〕324 号）

E1　目的和要求

　　土壤水分观测是农业气象业务服务工作的一个重要组成部分,自动土壤水分观测是农业气象业务自动化的一部分,其质量考核的目的在于及时了解仪器的运行状况,保证测定数据的连续性、准确性并及时传输,为更好地开展农业气象服务提供保障。

　　质量考核必须坚持实事求是的工作态度,严格按照本办法进行考核,严禁弄虚作假。

　　此办法适用于自动土壤水分观测站。

E2　考核范围

　　1.观测:与自动土壤水分观测站进行同步观测的人工观测和自动土壤水分观测站出现故障时进行的人工补测。

　　2.操作:对自动土壤水分观测站的巡视、维护和人工观测资料的输入。

　　3.报表制作:自动土壤水分观测月报表的生成、预审。

E3　考核内容和统计方法

1. 重大差错

　　(1)伪造、擅自更改数据记录:伪造是指凭空捏造数据记录;擅自改动是指为掩盖错情而擅自修改数据记录致使记录失真。每发生一次计 15 个错情。

　　(2)丢失数据:丢失数据是指人为造成数据库信息丢失且无法从备份数据文件得到恢复的现象,每次计 10 个错情。

2. 观测错情

　　(1)用烘干称重法进行观测的错情:依照《农业气象观测质量考核办法》(试行)计算。

　　(2)用便携式自动土壤水分观测仪进行观测的错情:凡量测错、仪器读数错等,每错一项计

1个错情,影响错不另算错情;各种统计查算错,每错一项计1个错情,影响错不另算错情。

3. 操作错情

(1)定期对自动土壤水分观测仪器进行巡视、维护:未按要求对仪器设备进行巡视、维护造成数据缺测或异常每发生一次(时)计1个错情。

(2)检查自动土壤水分站资料传输情况:由于人为因素造成数据上传缺测每发生一次(时)计1个错情。

(3)录入错情:对自动土壤水分观测站相关参数进行录入,每错一项计1个错情。

4. 预审错情

(1)台站应按规定时间定制作并上报报表,每迟报一天计0.5个错情。

(2)审核发现的报表错误每项给预审员计1个错情。

5. 错情统计注意事项

(1)上年度的错情,应当在下一年度中业务检查或质量优秀测报员验收期间被发现时,则合并统计在下一年度的错情中。

(2)值班员的各类错情因下一班未校对出而被第三者或预审员发现的,主班和校对员各计一半错情。

E4 工作基数和计算方法

1. 工作基数

各项工作基数见表E1。

表 E1 观测、操作和预审工作基数表

	项目	基数(个)
观测	测定并绘制一次(份)自动土壤水分观测站示意图	10.0
	观测并填写一次观测地段说明	10.0
	用便携式自动土壤水分观测仪器测定土壤水分四个(二个)重复,观测深度50厘米	10.0(5.0)
操作	巡视一次室外仪器设备(整个系统)	2.0
	维护一次仪器设备(整个系统)	5.0
	检查一次自动土壤水分站资料传输情况	0.2
	录入一次土壤水文常数、物理特性值	10.0
	备份数据和数据库维护(每次)	0.4
报表制作预审	自动土壤水分观测月报表制作(每份)	10.0
	自动土壤水分观测月报表预审(每份)	15.0

2. 错情和错情比的计算

(1)观测、操作、报表的工作基数和错情分别统计。

工作基数=观测基数+操作基数+报表基数

错情个数=观测错情+操作基数+报表错情

按照错情千分比的计算方法统计,取二位小数,第三位小数四舍五入。

个人错情千分比＝(个人错情个数/个人工作基数)×1000‰

站(组)错情千分比＝[站(组)错情个数总和/站(组)工作基数总和]×1000‰

(2)个人和站(组)的错情和工作基数由站(组)负责核实后登记,定期进行考核,计算错情千分比。

E5　台站(组)考核内容、统计方法及有关说明

1. 考核内容

台站(组)的测报错情,应是本站(组)无法更正的出站错情,它包括:责任性错误发生次数及折算的错情数;观测、操作发生的错情数;由预审员统计的报表缺报、迟报错情;个人操作、报表错情在站内未被查出,而在省(区、市)气象局发质量通报前被上级部门查出,或站内虽查出但又无法纠正的错情等。

2. 统计方法

台站测报工作基数是全台站测报人员所有工作基数之和。错情、错情率精度和测报错情比计算方法同上。其他错情的原因需在质量考核表备注栏中备注。

3. 有关说明

(1)自动土壤水分工作基数和错情纳入质量优秀测报员考核。

(2)预审错情计入站(组)测报质量的统计。质量报告之后统计的预审错情应进行补充填报。

(3)向中国气象局上报的省(区、市)和台站(组)测报质量报告表格式见附件 E1 和 E2。

(4)台站(组)报表出站质量情况由上级审核部门查审后评价和公布。

(5)本办法自下发 2011 年 1 月 1 日起执行。

附件 E1:

自动土壤水分观测省(区、市)质量考核表

填报单位:　　　　　　　　　　　　　　　　　　年　月至　月

项目		总计	质量分析和相关说明
责任性错情 (次数)	伪造、擅自更改数据记录		
	丢损数据		
观测错情			
操作错情			
报表制作和预审错情			
错情总和			
观测基数			
操作基数			
报表制作和预审基数			
基数合计			
千分比			

附件 E2:

自动土壤水分观测台站(组)测报质量考核表

填报台站：　　　　　　　　　　　　　　　　　　　　　　　年　月至　月

姓名	责任性错情(次数)		观测错情	操作错情	报表错情	错情合计	观测基数	操作基数	报表基数	基数总计	千分比(‰)	预审基数
	伪造更改	丢损数据										
												预审簿表份数
												预审错情
合计												预审员
备注												

附录 F

AgMODOS 消息传输服务支撑
环境安装配置全面完成标准

F1 目标

1. 启动消息传输服务：

2. 成功传输 xml 文件：

3. 传输日志正常（没有乱码、空行等）：

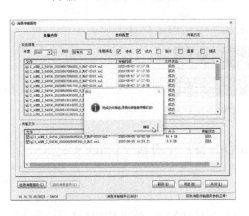

F2 计算机要求

1. 环境安装要求

（1）其支撑运行环境为 Win7 家庭版、旗舰版或以上操作系统，Win XP 操作系统不可用。

（2）计算机、测报系统（AgMODOS）登录用户都必须具有管理员权限。

（3）计算机长短日期格式均须为"yyyy-mm-dd"格式。

2. Java 安装

（1）根据计算机操作系统（32 位或 64 位）选择相应的安装版本：jdk-8u241-windows-i586.exe（32 位）或 jdk-8u192-windows-x64.exe（64 位）。

（2）Java 安装结束后，安装目录"\Java\"下必须有两个文件夹"jdk1.8.0_241"和"jre1.8.0_241"（32 位）或"jdk1.8.0_192"和"jre1.8.0_192"（64 位）。

（3）Java 运行检验。

① 在"cmd"运行框内输入"Java"，显示以下内容：

② 在"cmd"运行框中输入"jps-l"，显示如下内容（进程号）：

如果 jps-l 检验不成功，可能是用户权限不足，解决方法是：创建新的用户，再设置为管理员，以新用户登录。

③ 在"cmd"运行框中输入"java-version"，显示如下安装版本信息内容：

F3　消息服务客户端软件（AgMODOS_XML）

（1）软件升级。在原有的测报系统（AgMODOS）路径上升级 AgMODOS_XML_Patch_2.00.06（20200813）。

① 桌面出现软件快捷方式：

② 在"数据编辑"或"数据服务"模块的"文件传输"增加"XML 消息传输（M）"功能：

③ "消息传输服务"的参数可通过勾选"自获取参数（A）"，在"保存配置参数（S）"下进行正确配置。

（2）XML 文件存储地址。

① XML 文件传输前存放地址为"\AgMODOS\Message\XML"。

② XML 文件传输后存放地址为"\AgMODOS\Sending"和"\AgMODOS\Bin\sendback"。